国家精品课程配套教材

高等教育国家级教学成果二等奖

清华大学计算机基础教育课程系列教材

计算机文化基础（第5版）上机指导

李　秀　安颖莲　田荣牌　姚瑞霞　编著

U0312077

清华大学出版社

北京

内 容 简 介

本书是与《计算机文化基础(第5版)》配套的上机试验指导书,目的在于指导读者完成实践环节,提高上机实验的效率。读者通过学习教材和上机实践,将具备计算机基本应用能力。书中大部分实验样例都源自实际问题,并且经过整理和组织,能更好地指导实际应用。所有实验素材文件可通过清华大学出版社主页(http://www.tup.com.cn)免费下载。

本书主要介绍图形用户界面的基本使用(Windows XP)、办公组合软件(Office 2003)、多媒体技术应用、网络基本应用、网页制作(DreamWeaver)以及相关的图像素材处理等实验内容。

图书在版编目(CIP)数据

计算机文化基础(第5版)上机指导/李秀等编著. —北京:清华大学出版社,2005.9(2017.9重印)
(清华大学计算机基础教育课程系列教材)
ISBN 978-7-302-11544-1

Ⅰ.计… Ⅱ.李… Ⅲ.电子计算机－高等学校－教学参考资料　Ⅳ.TP3

中国版本图书馆 CIP 数据核字(2005)第 089735 号

责任编辑:张　龙
责任印制:王静怡

出版发行:清华大学出版社
　　　网　　　址:http://www.tup.com.cn,http://www.wqbook.com
　　　地　　　址:北京清华大学学研大厦 A 座　　　　　邮　　编:100084
　　　社 总 机:010-62770175　　　　　　　　　　　　邮　　购:010-62786544
　　　投稿与读者服务:010-62776969,c-service@tup.tsinghua.edu.cn
　　　质 量 反 馈:010-62772015,zhiliang@tup.tsinghua.edu.cn
印 装 者:北京中献拓方科技发展有限公司
经　　销:全国新华书店
开　　本:185mm×260mm　　　　印　张:13.75　　　字　数:321 千字
印　　次:2017 年 9 月第 19 次印刷
印　　数:153066～153365
定　　价:29.00 元

产品编号:019760-03/TP

序

计算机科学技术的发展不仅极大地促进了整个科学技术的发展,而且明显地加快了经济信息化和社会信息化的进程。因此,计算机教育在各国备受重视,计算机知识与能力已成为 21 世纪人才素质的基本要素之一。

清华大学自 1990 年开始将计算机教学纳入基础课的范畴,作为校重点课程进行建设和管理,并按照"计算机文化基础"、"计算机技术基础"和"计算机应用基础"三个层次的课程体系组织教学:

第一层次"计算机文化基础"的教学目的是培养学生掌握在未来信息化社会里更好地学习、工作和生活所必须具备的计算机基础知识和基本操作技能,并进行计算机文化道德规范教育。

第二层次"计算机技术基础"是讲授计算机软硬件的基础知识、基本技术与方法,从而为学生进一步学习计算机的后续课程,并利用计算机解决本专业及相关领域中的问题打下必要的基础。

第三层次"计算机应用基础"则是讲解计算机应用中带有基础性、普遍性的知识,讲解计算机应用与开发中的基本技术、工具与环境。

以上述课程体系为依据,设计了计算机基础教育系列课程。随着计算机技术的飞速发展,计算机教学的内容与方法也在不断更新。近几年来,清华大学不断丰富和完善教学内容,在有关课程中先后引入了面向对象技术、多媒体技术、Internet 与互联网技术等。与此同时,在教材与 CAI 课件建设、网络化的教学环境建设等方面也正在大力开展工作,并积极探索适应 21 世纪人才培养的教学模式。

为进一步加强计算机基础教学工作,适应高校正在开展的课程体系与教学内容的改革,及时反映清华大学计算机基础教学的成果,加强与兄弟院校的交流,清华大学在原有工作的基础上,重新规划了"清华大学计算机基础教育课程系列教材"。

该系列教材有如下几个特色:

1. 自成体系:该系列教材覆盖了计算机基础教学三个层次的教学内容。其中既包括所有大学生都必须掌握的计算机文化基础,也包括适用于各专业的软、硬件基础知识;既包括基本概念、方法与规范,也包括计算机应用开发的工具与环境。

2. 内容先进:该系列教材注重将计算机技术的最新发展适当地引入教学中来,保持了教学内容的先进性。例如,系列教材中包括了面向对象与可视化编程、多媒体技术与应用、Internet 与互联网技术、大型数据库技术等。

3. 适应面广：该系列教材照顾了理、工、文等各种类型专业的教学要求。

4. 立体配套：为适应教学模式、教学方法和手段的改革，该系列教材中多数都配有习题集和实验指导、多媒体电子教案，有的还配有 CAI 课件以及相应的网络教学资源。

本系列教材源于清华大学计算机基础教育的教学实践，凝聚了工作在第一线的任课教师的教学经验与科研成果。我希望本系列教材不断完善，不断更新，为我国高校计算机基础教育做出新的贡献。

注：周远清，曾任教育部副部长，原清华大学副校长、计算机专业教授。

前　言

　　本书是《计算机文化基础(第5版)》的配套教材,指导读者更好地完成实践环节,帮助教师更好地组织教学活动,也为不同起点的读者创设一个主动学习的条件,完成从实践到理解,从理解到应用的学习过程。

　　本书包括了 Windows XP、Office 办公组合软件、网络基本应用、基本图像处理和动画制作、网页制作以及相关的图像素材处理等8部分。每一部分都设计了入门实验,采用左文右图的排版形式逐步指导初次接触计算机的读者的实践过程。对于有一定基础的读者,建议根据需求有选择地完成提高实验,比如,字处理部分的长文档制作技巧等。

　　书中大部分实验样例都源自实际问题,并且经过整理和组织,能更好地指导实际应用。所有实验素材文件可通过清华大学出版社主页(http://www.tup.com.cn)免费下载。

　　感谢读者选择使用本教材,教材内容及文字中的不妥之处,望读者批评指正。

作者的联系方式是:

电子邮件地址:lixiu@cic.tsinghua.edu.cn

通信地址:北京清华大学主楼221室　李秀收

邮政编码:100084

作　者

2005 年 6 月

目　录

第1章

图形用户界面的使用

入门实验　Windows 系统基本上机操作

实验目的：通过本练习使读者能熟练使用 Windows 操作系统的文件管理功能。

环境需求：在所使用的机器上安装 Windows XP 操作系统，有上网的环境。

任务说明：

（1）新建文件夹：在 D 盘根目录上建立"计算机作业素材"文件夹，在此文件夹下建立"文字"、"图片"、"多媒体"三个子文件夹。

（2）文件的保存：上网浏览，将需要的网页、文字、图片素材分别保存在所建立的相应文件夹中。

（3）查找文件：在本地机中查找 MIDI 格式的声音文件。

（4）文件的移动和复制：在资源管理器中选择查找到的 MIDI 格式的声音文件，并把它复制到所建立的"多媒体"文件夹中。

（5）删除、还原文件：删除"D:\计算机作业素材\多媒体"文件夹中的 MIDI 文件，再从"回收站"中恢复被删除的文件。

（6）创建快捷方式：在桌面上为系统自带的计算器创建快捷方式。

（7）运行程序：通过多种方式运行程序。

（8）设置屏幕保护：当使用者短时间离开计算机又不想让其他人过多了解自己的计算机信息时，可以为计算机设置屏幕保护程序。

任务1　新建文件夹

步骤1：打开 D 盘根目录窗口

（1）在桌面上用鼠标双击"我的电脑"图标，在打开的"我的电脑"窗口中用鼠标双击"本地磁盘(D:)"项，打开硬盘驱动器 D，参见图 1-1。

（2）观察 D 盘根目录窗口（图 1-2）。

① 窗口标题显示打开对象的名称，比如，"本地磁盘(D:)"。

② 如果打开对象为磁盘，窗口左侧下方将显示该磁盘的总存储空间大小和可用空间信息。

③ 窗口右侧显示该对象（磁盘或文件夹）中包含的内容，比如，文件或子文件夹等。

图 1-1　依次双击打开 D 盘窗口

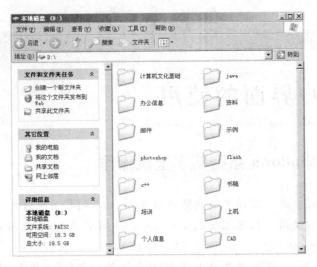

图 1-2　D 盘根目录窗口

步骤 2：创建新文件夹

（1）单击 D 盘窗口左上角处的"文件"菜单项，选择"新建|文件夹"命令，参见图 1-3。

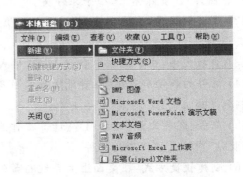

图 1-3　选择创建新文件夹的命令

（2）释放鼠标，系统将创建一个新的文件夹，参见图 1-4。

图 1-4　新文件夹的名字呈反显状态

（3）按 Delete 键，删除默认名称"新建文件夹"。重新键入新的文件夹名，如"计算机作业素材"，按 Enter 键完成新文件夹的命名操作，参见图 1-5。

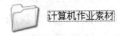

图 1-5　更名后的文件夹

🔍**说明**

读者可通过按下组合键 Ctrl＋空格键，实现中英文输入状态的切换。

步骤 3：创建子文件夹

（1）双击"计算机作业素材"文件夹图标，打开"计算机作业素材"文件夹窗口，目前为空窗口。

（2）在空窗口中，采用步骤 2 的方法分别创建"网页"、"文字"、"图片"、"多媒体" 4 个文件夹（图 1-6）。

🔍 **说明**

所创建的 4 个文件夹从存放位置上可看出，隶属于"计算机作业素材"文件夹，因此它们的关系就是子文件夹和父文件夹的关系。

🔍 **问题**

问题 1：文件名写错了怎么办？

重写！用鼠标右键单击要修改的文件名，从快捷菜单中选择"重命名"，重新输入正确的名字。

问题 2：创建文件夹的用途是什么？

用途就是实现分门别类地存放文件，读者可通过任务 2 的练习来进一步认识。

任务 2　保存文件

步骤 1： 打开一个网页

（1）双击 IE 浏览器图标 ，打开浏览器窗口。在"地址"栏中输入网页地址 http://www. losn. com. cn/qcbl/earlycar/part1/5 _ 41. htm，参见图 1-7。

（2）按下 Enter 键，打开网页，内容如图 1-8 所示。

步骤 2： 保存网页

（1）单击浏览器窗口左上角的"文件"菜单项，从中选择"另存为"命令，打开"保存网页"对话框，参见图 1-9。

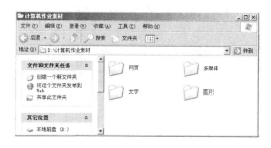

图 1-6　创建子文件夹后的"计算机作业素材"文件窗口

图 1-7　在"地址"栏中输入网页地址

图 1-8　打开的网页内容

图 1-9　设置文件保存的基本信息

(2) 设置文件保存的三要素。

① 文件保存位置：在"保存在"下拉列表框中选择保存路径"D:\计算机作业素材\网页"。

② 文件名称：在"文件名"列表框中键入"宝马公司简介"。

③ 文件类型：在"保存类型"下拉列表框中选择"网页，全部(＊.htm；＊.html)"。

(3) 单击"保存"按钮，完成该网页的保存操作。

🔍 **说明**

"路径"是一个地址，它告诉操作系统如何才能找到指定的文件夹。比如练习中的路径信息"D:\计算机作业素材\网页"，提供了指定文件夹"网页"的位置信息，即该文件夹位于 D 盘上的"计算机作业素材"文件夹中。

步骤 3：保存图片

(1) 如图 1-10 所示，用鼠标指向"宝马"标志图片，按鼠标右键，从打开的快捷菜单中选择"图片另存为"命令，打开"保存图片"对话框。

(2) 保存操作同步骤 2，选择保存路径为"D:\计算机作业素材\图片"，文件名为"宝马标志"，保存类型为"JPEG(＊.jpg)"。

图 1-10　保存图片

步骤 4：文字内容的复制

(1) 选取网页中的部分文字，执行"复制"操作。

(2) 创建一个 Word 新文件，执行"编辑|选择性粘贴"命令，在打开的"选择性粘贴"对话框中，选择"无格式文本"(图 1-11)，单击"确定"按钮，仅复制所选文字内容。

(3) 将该 Word 文档保存在"D:\计算机作业素材\文字"路径下，文件名为"宝马公司简介文字"，类型为"＊.doc"。

图 1-11　"无格式文本"粘贴

🔍 **说明**

在对文件进行保存时，一定要注意选择文件的保存位置(否则在当前位置保存)，应给出文件名(否则使用系统默认指定的文件名)，保存类型一般会根据所用应用程序自动匹配，除非有特别要求一般不用指定。

任务3　查找文件

步骤1：打开"搜索结果"对话框

执行"开始"菜单的"搜索|文件或文件夹"命令，打开"搜索结果"对话框，参见图1-12。

🔍 **说明**

在左侧窗格选择要查找的文件或文件夹类型，如：图片、音乐或视频文档，所有文件或文件夹等。

步骤2：设置搜索条件

（1）选择"所有文件或文件夹"。左侧窗格变化如图1-13所示。

（2）在"全部或部分文件名"框中，键入要查找的文件名字，比如"*.mid"（表示所有MIDI格式的音乐文件）。

（3）在"在这里寻找"框中选择想要搜寻的驱动器、文件夹或网络。比如选择"本机硬盘驱动器（C:；D:；E:；F:）"。

（4）单击"搜索"按钮，开始相应内容的搜索，结果将出现在右侧窗格中。

步骤3：打开搜索到的文件

（1）观察所找到的文件所在位置的路径，参见图1-14。比如："TITLE"文件，其存放路径为"C:\FRAC1(2)\MIDI"。

（2）双击找到的符合条件的文件，比如"TITLE"文件，即可启动默认的播放器应用程序并打开该文件，参见图1-15。单击窗口右上角的关闭按钮 ✕，退出播放器。

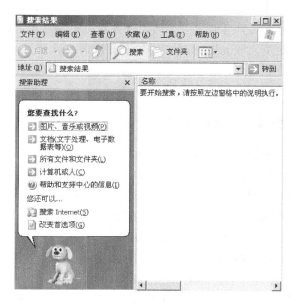

图1-12　"搜索结果"对话框

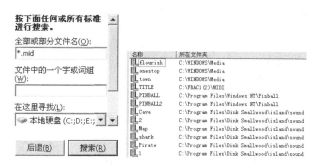

图1-13　设置搜索条件　　　图1-14　搜索结果

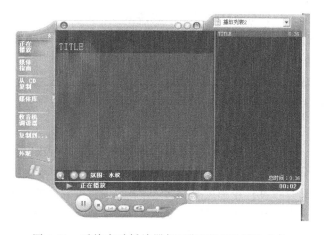

图1-15　系统启动播放器打开"TITLE"MIDI文件

🔍**说明**

随着计算机中存储的文件数目越来越庞大,势必造成寻找某个特定文件的时间也越来越多。Windows 的文件搜索功能使用户借助所记住的文件的少量特征快速找到所需文件。

任务 4　文件的复制

步骤 1:打开指定的文件夹

(1) 在"搜索结果"窗口中鼠标指向具体文件,比如 TITLE 音乐文件,屏幕上弹出黄色矩形框显示该文件的相关信息,参见图 1-16。

(2) 鼠标右键单击 TITLE 文件,在打开的快捷菜单中选择"打开所在的文件夹"命令。观察此时"搜索结果"窗口改变为文件所在的文件夹窗口,比如"MIDI",参见图 1-17。

🔍**说明**

左侧窗格有两种显示方式:文件夹窗格和菜单窗格,通过工具栏上的"文件夹"按钮 进行切换,当此按钮被按下时,左侧窗格按照文件夹窗格显示。

(3) 左窗格显示整个系统的文件夹树,它把系统中所有资源以一个树型结构的框架显示出来,参见图 1-17。

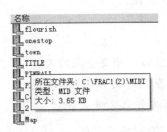

图 1-16　获取文件的相关信息

图 1-17　文件所在的文件夹窗口

🔍**说明**

通过左窗格的垂直滚动条浏览整个系统的文件夹树,"桌面"是计算机系统资源的顶层,而不同的驱动器代表不同的根文件夹。如果文件夹含有下一级文件夹,则该文件夹的左面均有一个小方框标志 ⊞ 或 ⊟。⊞ 表示该文件夹的下一级子文件夹是折叠不可见的,⊟ 表示该文件夹的下一级文件夹已显示在左窗格中。在左窗格中显示资源的最小单位是文件夹,而右窗格中显示左窗格中选中文件夹的子文件夹和文件。

步骤 2：单个文件复制

（1）通过右窗格的垂直滚动条找到音乐文件"TITLE"，并选中它，参见图 1-17。

（2）执行文件夹窗口中的"编辑｜复制"命令，复制选中的"TITLE"文件。

（3）通过左窗格打开 D 盘"计算机作业素材"中的子文件夹"多媒体"。

（4）执行文件夹窗口中的"编辑｜粘贴"命令，将"TITLE"文件复制到"多媒体"文件夹中，参见图 1-18。

步骤 3：多个文件的复制

（1）通过左窗格打开"C：\ Windows\ Media"文件夹，参见图 1-19。其中包含若干个 MIDI 文件，排列显示的位置不连续。

（2）单击右窗格上方的"类型"按钮，对当前文件夹中的文件进行按类型排序，观察此时"类型"按钮旁边出现三角形标志 类型 ▲。

（3）用鼠标单击第一个 MIDI 文件，按住 Shift 键的同时，再单击最后一个 MIDI 文件，即可将所有 MIDI 文件选中（图 1-20），采用步骤 2 方法，将所选中的文件复制到"D:\计算机作业素材\多媒体"文件夹中。

🔍**技巧**

如果文件夹窗口中的内容以大图标等其他形式呈现，可通过单击工具栏中的"查看"按钮 ▦ ▾，从中选择"详细资料"选项。

图 1-18　将文件复制到"多媒体"文件夹中

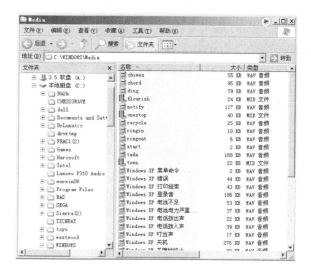

图 1-19　打开"Media"文件夹

图 1-20　选取所有 MIDI 音乐文件

说明

读者可参考以上操作,使用"剪切"和"粘贴"命令,实现文件移动操作。

移动或复制文件是 Windows 中的常用操作,可以用多种方式完成,操作时要注意区分正在进行的是移动还是复制操作。

任务 5　文件的删除与还原

步骤 1:删除文件

(1) 通过左窗格打开"D:\计算机作业素材\多媒体"文件夹。

(2) 按住 Ctrl 热键,依次用鼠标单击右侧窗格中每一个中文名字的 MIDI 文件,直至全部选取,参见图 1-21。

(3) 执行"编辑|删除"命令(或直接按下 Delete 键),屏幕上弹出对话框,提示"确实要将这 4 项放入回收站吗?"(图 1-22),单击"是"按钮,即可把选中的文件放入回收站。

技巧

对于位置连续的文件和文件夹的选取,可借助 Shift 键选取首尾两个文件,即可一次性选取。

对于位置不连续的文件和文件夹的选取,可借助 Ctrl 键,依次单击每一个文件。

步骤 2:还原删除掉的文件

(1) 在桌面上双击"回收站"图标(参见图 1-23),打开"回收站"窗口。

(2) 把"回收站"中的被删除文件按"删除日期"进行排序,选取步骤 1 删除的 MIDI 文件,单击鼠标右键,在打开的快捷菜单中选择"还原"命令,参见图 1-24。

(3) 选中的文件即可被还原到被删之前的文件夹中(即"D:\计算机作业素材\多媒体"文件夹)。

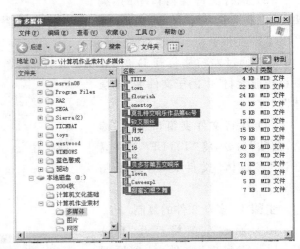

图 1-21　选取所有中文名字的 MIDI 文件

图 1-22　"确认删除多个文件"对话框

回收站

图 1-23　"回收站"图标

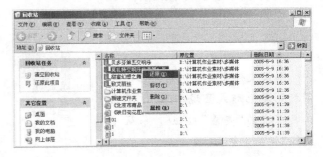

图 1-24　还原删除掉的文件

说明

一般来说,硬盘上误删的文件可从"回收站"中还原回来,但如果删掉了软盘上的文件,那么就没有办法从回收站中进行恢复了。回收站的空间可以人为设定,空间占满后先删除的文件会被挤掉。

任务 6 创建快捷方式

步骤 1:找到要创建快捷方式的文件

选择"开始"菜单的"搜索|文件或文件夹"命令,打开搜索窗口,搜索系统自带的计算器工具"calc. exe"。

步骤 2:在桌面上创建快捷方式

(1)用鼠标右键拖动选定的文件至"桌面",在释放鼠标右键的同时会弹出一个快捷菜单,参见图 1-25,从中选择"在当前位置创建快捷方式"命令。

图 1-25 弹出的快捷菜单

(2)在桌面上出现如图 1-26 所示图标,该图标采用系统默认名称"快捷方式 到 calc"命名。

(3)用鼠标右键单击所创建的快捷方式图标,从弹出的快捷菜单中选择"重命名"命令,将快捷方式的名称改名为"计算器"。

说明

快捷方式只是源程序的"替身",所以被删除掉后不会影响到源程序本身。建立快捷方式可以使用户更方便快捷地开始工作。

图 1-26 在当前位置创建快捷方式

任务 7 通过多种方式运行程序

步骤 1:通过双击文件名运行程序

通过路径"C:\Program Files\Internet Explorer"找到浏览器程序 IEXPLORE,鼠标双击如图 1-27 所示的程序图标,运行该程序,打开浏览器窗口。

图 1-27 IE 程序图标

步骤 2:通过快捷方式运行程序

在桌面上建立 IE 浏览器的快捷方式,如图 1-28 所示(快捷方式的建立参见任务 6),通过双击该快捷方式启动该程序。

图 1-28 IE 快捷方式图标

步骤 3：通过"开始"菜单运行程序

通常情况下，很多安装的应用程序会在"开始"菜单的"程序"项中建立快捷方式。

选择"开始"菜单的"程序"项，在级联菜单中选择"Internet Explorer"启动该浏览器，参见图 1-29。

步骤 4：通过"运行"程序窗口运行程序

选择"开始"菜单"运行"项，打开"运行"程序窗口，在"打开"框中输入要运行程序及其所在路径，比如，"C：\ Program Files \ Internet Explorer \ IEXPLORE. exe"，参见图 1-30，单击"确定"按钮，即可启动该浏览器程序。

步骤 5：通过打开文档的方式启动该程序

IE 浏览器用来解释 HTML 文件，可以通过任意打开一个 HTML 文件启动 IE 浏览器，参见图 1-31。

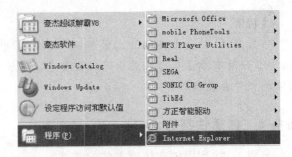

图 1-29　通过"开始"菜单的"程序"项运行程序

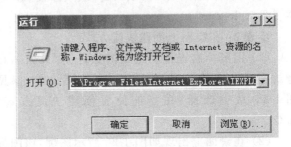

图 1-30　通过"运行"程序窗口运行程序

图 1-31　双击 HTML 文件图标
启动 IE 浏览器

提高实验一　设置 Windows XP 的文件共享

任务说明：不少读者希望通过设置文件夹共享将自己计算机里的一些文件共享给一个或一些使用者，Windows XP 使用两种方法取代 Windows 9x 基于密码保护的文件共享方式：简单文件共享和高级文件共享。

任务 1　设置简单文件共享

任务说明：如果将文件夹设置为简单文件共享，那么这样的共享文件夹，网络上的任何人都可以访问到，不需要访问者提供任何的密码。

步骤 1：启用简单文件共享

如果系统还没有启用简单文件共享，可打开"我的电脑"，选择"工具"菜单的"文件夹选项"项，在打开的"文件夹选项"窗口中选择"查看"选项卡，确保"使用简单共享（推荐）"复选框被选中即可（图 1-32）。

图 1-32　选中使用简单文件共享

步骤 2：设置"D:\计算机作业素材"文件夹为共享文件夹

（1）鼠标右键单击 D 盘根目录下的"计算机作业素材"文件夹，在弹出的快捷菜单中选择"共享和安全"选项（图 1-33）。

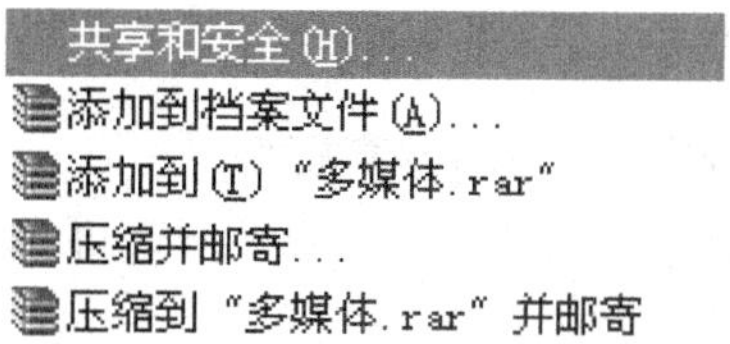

图 1-33　选取"共享和安全"命令

（2）打开"计算机作业素材 属性"窗口，选择"共享"选项卡（图 1-34）。

（3）选择"共享该文件夹"单选按钮。

（4）默认的"共享名"为文件夹的名称"计算机作业素材"，这个名字是其他人通过"网上邻居"访问时所看到的名字，在此不做修改。

（5）单击"确定"按钮，回到 D 盘窗口，"计算机作业素材"文件夹被手托起，表示对此文件夹设置了共享。

注意

不必设置"用户数限制"。在 Windows XP 中，允许的并发连接数是 10，要突破这 10 个连接的限制，需要安装 Windows XP Server。

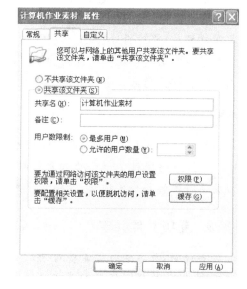

图 1-34　多媒体属性对话框

步骤3：设置共享权限

(1) 在"计算机作业素材 属性"对话框的"共享"选项卡中单击"权限"按钮(参见图1-34)，打开"计算机作业素材 的权限"对话框(图1-35)。

(2) 最大组"Everyone"包括局域网中所有的计算机。其默认的权限是"完全控制"，将"Everyone"组权限设置为"读取"(图1-35)。

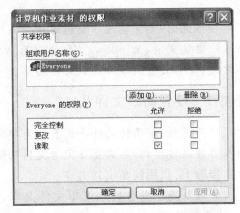

图1-35　设置文件夹权限对话框

🔍**说明**

"完全控制"权限是指登录计算机的成员可以对该共享目录下的文件进行各种操作，用户拥有更改文件、删除文件的权限。如果对方通过网络删除了共享文件夹中的文件，则被删除的文件不会转移到你的或者对方的回收站，而是直接被清除掉。共享特性不适用于 C 盘的 Documents and Settings、Program Files 以及 Windows 系统文件夹。

步骤4：访问共享资源

通过局域网上另一台计算机桌面上的"网上邻居"图标💭，可访问你设置的共享资源。

步骤5：设置隐含共享

如果不想让同一局域网中的所有用户都能看见共享文件夹，则可以使用隐含共享。

在属性窗口设置共享名称的时候，在名称的最后添加一个美元符号"$"(如：计算机作业素材$)。这时通过"网上邻居"，对方就不能看见这个共享了。

对于需要访问该隐含文件夹的用户，只要被告知这个文件夹的名称，在"运行"窗口中输入"\\机器名\隐含共享的文件夹名$"，即可直接访问。

🔍**注意**

(1) 一旦共享了文件夹，那么它们的子文件夹也同样会被共享。

(2) 共享属性对于一个硬盘分区同样适用，但 Windows XP 会发出警告，提示用户，最好共享特定的某个文件夹，这样只有共享的文件夹可以访问，相对安全一些。

任务2　高级文件共享

任务说明：更多的时候希望对于每一个共享文件夹允许一个或几个被赋予了某种权限的用户访问，为了方便管理也可以把权限相似的用户放入同一个用户组，此任务完成下列工作：

(1) 为 user1，user2，user3，user4 四个用户建立账户。

(2) 建立"计算机作业素材"下的"文字"、"图片"、"多媒体"三个共享文件夹。

（3）设置用户权限：user1 和 user2 可以访问"图片"文件夹，user3 和 user4 可以访问"文字"文件夹。

（4）将 user1、user2、user3、user4 四个用户建成一用户组 users。

（5）设置 users 用户组共享"多媒体"文件夹。

步骤 1：禁用简单文件共享

确保"文件夹选项"窗口"查看"选项卡中的"使用简单共享（推荐）"复选框不被选中。

步骤 2：创建 user1、user2、user3 和 user4 四个用户账户

（1）在"控制面板"中双击"用户账户"图标，打开"用户账户"窗口（图 1-36）。当前所用计算机已经有两个账户，其中 lixiu 是系统管理员，Guest 是普通的来访者（凡未在列表中列出的用户都属于 Guest，Guest 账户在默认情况下是被禁用的），这两个用户是安装 Windows XP 时系统自动创建的（lixiu 与安装系统时所填写的用户名相同）。

图 1-36　"用户账户"窗口

（2）单击"创建一个新账户"项，在打开的窗口为新账户输入名称 user1（图 1-37），单击"下一步"按钮。

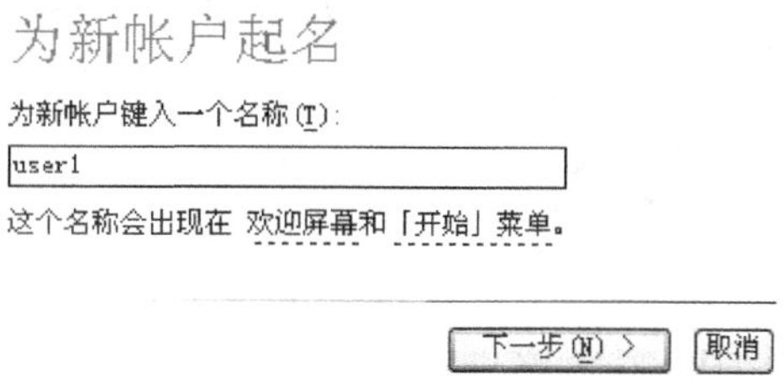

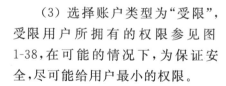

图 1-37　为新账户起名

（3）选择账户类型为"受限"，受限用户所拥有的权限参见图 1-38，在可能的情况下，为保证安全，尽可能给用户最小的权限。

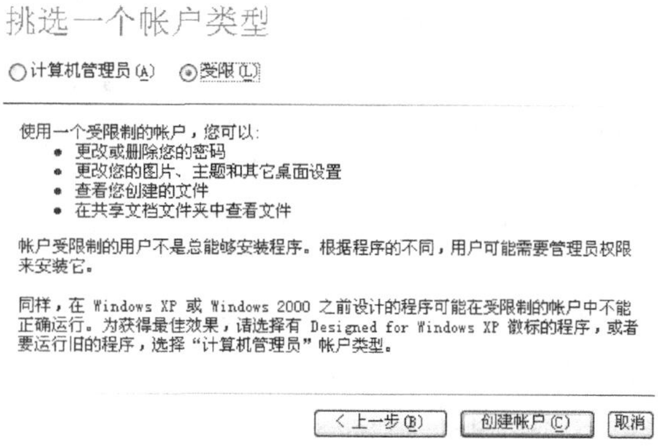

图 1-38　选择账户类型

（4）重复上面的过程建立用户 user2、user3、user4 三个用户账户，参见图 1-39。

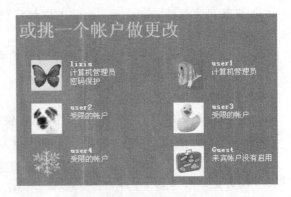

图 1-39　创建新账户 user1、user2、user3 和 user4

步骤 3：为新账户设置密码

（1）单击新账户 user1，打开窗口，参见图 1-40。

图 1-40　进入设置用户账户 user1 的窗口

（2）单击"创建密码"项，在打开的"为 user1 的账户创建一个密码"窗口中输入密码，为了方便在"输入一个新密码"、"再次输入密码以确认"和"输入一个单词或短语作为密码提示"输入框中均输入"user1"（图 1-41），单击"创建密码"按钮，完成 user1 账户密码的创建。

（3）使用同样方法为 user2 设置密码 user2，为 user3 设置密码 user3，为 user4 设置密码 user4。

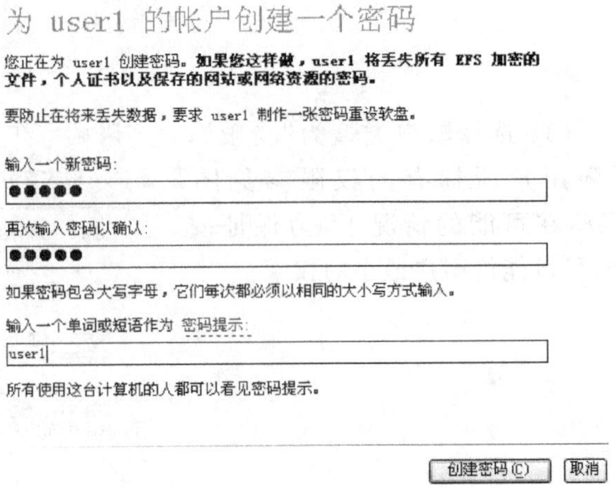

步骤 4：取消"计算机作业素材"文件夹的共享，将"计算机作业素材"文件夹的子文件夹"文字"、"图片"和"多媒体"设为共享文件夹，权限设为"读取"

步骤 5：设置 user1、user2 共享"图片"文件夹

（1）在"图片 属性"窗口"共享"选项卡中单击"权限"按钮。

图 1-41　设置 user1 账户密码

（2）Everyone 组的完全控制权限意味着所有人都可以读写，甚至删除文件。这不是想要的结果，须更改权限。单击"添加"按钮，打开"选择用户或组"窗口，单击"对象类型"按钮，在打开的"对象类型"窗口中取消对"内置安全型原则"和"组"的选择（如图 1-42 所示），以便能够依次设置每个用户权限。单击"确定"按钮，返回"选择用户或组"窗口，参见图 1-43。

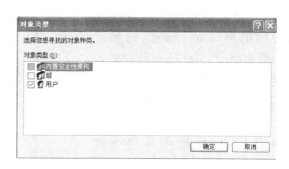

图 1-42　选择"对象类型"窗口

（3）单击"位置"按钮，打开"位置"窗口，选择用户自己的计算机名称（如：DEFAULT），单击"确定"按钮，返回"选择用户或组"窗口，参见图 1-43。

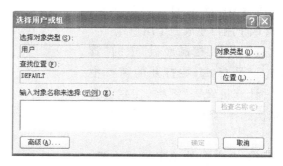

图 1-43　"选择用户或组"窗口

（4）单击"高级"按钮，在打开的窗口中单击"立即查找"按钮，窗口下方出现用户账户列表（如图 1-44 所示）。

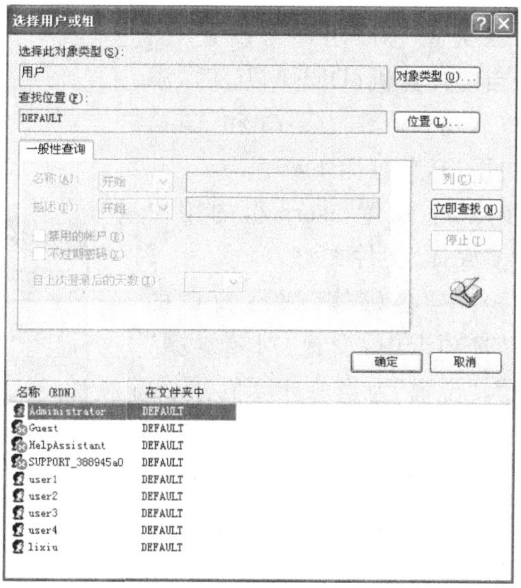

图 1-44　列出选定计算机的所有用户名

（5）选择希望能访问这个文件夹的用户 user1、user2，选择后的结果如图 1-45 所示。用户被表示为"DEFAULT \ user1"，其中"DEFAULT"是机器名，user1 是用户名。这就表示了某某机器上的某某用户，管理起来也一目了然。

（6）使用同样方法完成 user3 和 user4 共享"文字"文件夹。

步骤 6：将 user1、user2、user3、user4 四个用户建成一个用户组

（1）双击"控制面板"中的"管理工具"图标 ，在打开的窗口中双击"计算机管理"图标，在左边窗口依次选择"系统工具|本地用户和组|组"。

（2）在空白处单击鼠标右键，在快捷菜单中选择"新建组"，给组命名为 users，在"描述"文本框中输入适当的描述。

（3）单击"添加"按钮，开始添加成员。在"添加用户"窗口中，设置"对象类型"为"用户"，设置"位置"为当前计算机（DEFAULT），添加用户 user1、user2、user3 和 user4 为组中用户，参见图 1-46。

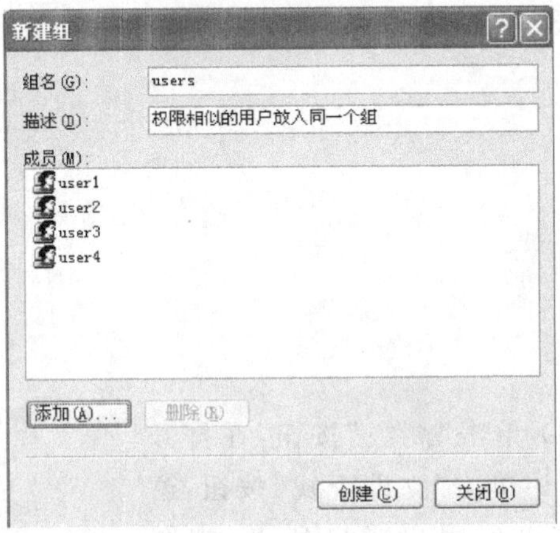

步骤 7：设置 users 组的用户共享"多媒体"文件夹

（1）在"多媒体"属性窗口的"共享"选项卡中，设置"对象类型"为"组"，"位置"为当前计算机。

（2）由于"对象类型"为"组"，所以"对象名称"列表中列出的是组的名称，从中选择"users"，如图 1-47 所示。

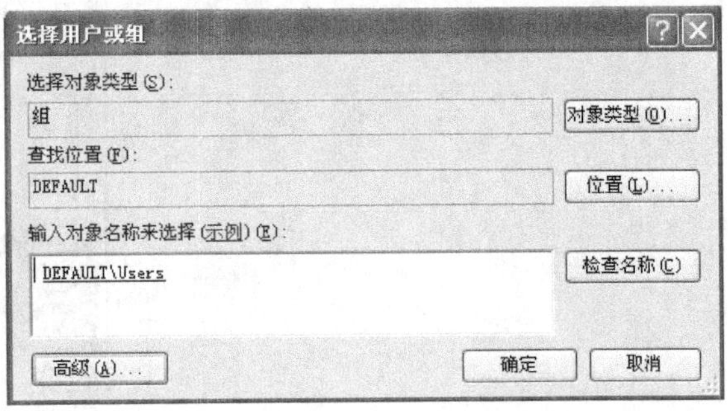

图 1-45　设置 user1、user2 共享"图片"文件夹

图 1-46　"新建组"窗口

图 1-47　选择"users"组共享"多媒体"文件夹

注意

（1）对于新添加的用户，只有读取的权限，如果希望新用户具有写入的权限，只要选择具体用户，然后在下面的各种权限复选框打勾即可。需要注意的是，不要给受限制用户"完全控制"的权限。

不同权限设置的区别如下。

- 读取权限允许用户：浏览或执行文件夹中的文件。
- 更改权限允许用户：改变文件内容或删除文件。
- 完全控制权限允许用户：完全访问共享文件夹。

（2）完全控制是 Everyone 组对共享文件夹的默认权限，出于安全考虑，可以在权限设置里删除 Everyone 组。这时，就只有用户 user1 和用户 user2 可以访问"图片"文件夹。

提高实验二　显示器的相关设置

任务1　设置屏幕保护程序

步骤1：准备工作

（1）执行"开始|设置|控制面板"命令，打开"控制面板"窗口，双击其中的"显示"图标，打开"显示属性"对话框。

（2）单击"屏幕保护程序"选项卡标签，打开该选项卡，参见图1-48。

（3）观察"屏幕保护程序"下拉列表设置值为"无"，表明计算机当前状态未设置屏幕保护程序。

步骤2：选择屏幕保护程序

（1）单击"屏幕保护程序"列表的下拉按钮，打开当前计算机所有可用的屏幕保护程序列表，从中选择"飞越星空"，参见图1-49。

（2）单击"预览"按钮，可预览所选屏幕保护程序相应效果，参见图1-50。

（3）在"等待"框中，指定计算机闲置多长时间之后启动屏幕保护程序，比如，15分钟，参见图1-51。

🔍**注意**

如果想要防止未经授权者使用计算机，可以选中"在恢复时使用密码保护"复选框，当计算机进入屏幕保护状态后只有键入密码才能重新开启屏幕。

当需要暂时离开计算机，又不想关机中止所做工作，从保密和保护屏幕的角度来看，可以为计算机设置一个屏幕保护程序。

图1-48　"屏幕保护程序"选项卡

图1-49　选择屏幕保护程序

图1-50　"飞越星空"屏幕保护程序预览效果

图1-51　设置等待时间

任务 2　调整显示器的色彩和分辨率

　　任务说明：在 Windows 桌面上，一般来说，应将屏幕的分辨率设在合适的状态（15 寸显示器 800×600，17 寸 1024×768），尽量不使用大字体，不设置背景图案，蓝色的底色配合白色的字体效果最好。有时文件的显示（比如：网页）对计算机显示器的色彩和分辨率有特殊要求，此时就需要调整显示器的色彩和分辨率以达到其要求。

　　步骤 1：鼠标右击桌面，从弹出的快捷菜单中选择"属性"命令，打开"显示属性"对话框

　　步骤 2：打开"显示属性"窗口，选择"设置"选项卡

　　步骤 3：设置显示器的色彩为真彩色

　　（1）打开"颜色质量"下拉列表。

说明

　　读者可以选择的颜色质量方案和所用的显示卡有关。高档的显示卡支持的颜色数目较多，显示效果也更好一些。一般显示卡支持的颜色包括 4 种：16 色、256 色、增强色（16 位）和真彩色（32 位）。

　　（2）从列表框中选择"最高（32 位）"，可使显示器的显示颜色更加丰富，参见图 1-52。

　　步骤 4：设置分辨率

　　在"设置"选项卡的"屏幕分辨率"选项组中左右拖动滑块，更改屏幕的分辨率，例如将当前的分辨率调整为 1024×768 像素，参见图 1-52。

注意

　　"分辨率"以像素为单位，当分辨率为 800×600 时桌面的图标会大一些，而选择 1024×768 可以看到桌面的图标变小了，桌面变得开阔。只有显示适配器和显示器都支持本特征才可以修改这些配置。

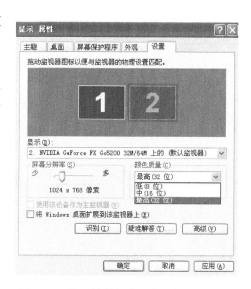

图 1-52　"显示属性"窗口的"设置"选项卡

任务 3　设置显示器的刷新率

　　任务说明：显示器刷新率的高低直接影响到使用者的眼睛疲劳。人眼所适应的显示器刷新率是 60Hz～85Hz，刷新频率过低会使人感觉到屏幕闪烁，但刷新率过高会使显示器的使用寿命下降。有时格式化硬盘重装系统后，显示器的刷新频率只有默认的 60Hz，而无其他项可以选择。原因是在安装中 Windows 不能正确自动识别显示器的型号，因而也就无法安装最适合的驱动程序，这就导致了上述现象的产生。Windows通常

都是把显示器识别为"即插即用监视器"或是"无法识别的监视器",这在"显示属性"和"系统属性"中都可以看到。

步骤 1:查看显示器型号

从随机资料中查出显示器的品牌和型号,有时显示器背面贴的标签中也有同样的内容。

步骤 2:从随机光盘或从网上下载最新的显示器驱动程序进行安装

步骤 3:修改显示器刷新频率

(1) 在"显示属性"窗口,选择"设置"选项卡。

(2) 在"设置"选项卡中单击"高级"按钮,在打开的窗口中选择监视器选项卡(图 1-53)。

(3) 在"屏幕刷新频率"项的下拉列表中选择"75 赫兹"。

图 1-53　监视器窗口

提高实验三　网络打印机的安装

步骤 1：双击"控制面板"窗口的"打印机和传真"图标，打开"打印机和传真"窗口。

步骤 2：在此窗口的左侧"打印机任务"列表中选择"添加打印机"项（图 1-54），启动"添加打印机向导"。

步骤 3：在打印机向导的步骤 2 中选择"网络打印机，或连接到另一台计算机的打印机"单选按钮（图 1-55）。

图 1-54　"打印机任务"列表

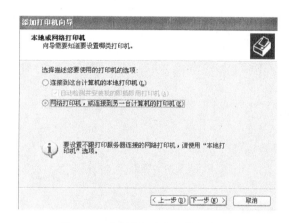

图 1-55　选择"本地或网络打印机"

步骤 4：在打印机向导的步骤 3 中向导询问"要连接到哪台打印机"。在安装网络打印机之前，需要了解局域网中已有的管理打印服务的计算机的 IP 地址以及共享打印机名称或型号，在此选择"连接到这台打印机"单选按钮，在文字框中输入"\166.111.3.142\openlab"或"\166.111.3.142\HP LaserJet 2200 Series Pcl 6"，参见图 1-56。

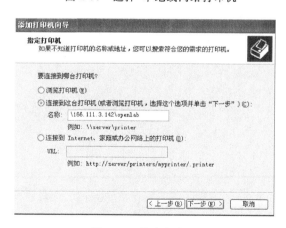

图 1-56　指定打印机

步骤 5：在打印机向导的步骤 4 中指定默认打印机，除非安装了多台打印机，否则选择"是"单选按钮(图 1-57)。

步骤 6：完成打印机的安装后，在"打印机和传真"窗口即可出现所安装的网络打印机的图标。

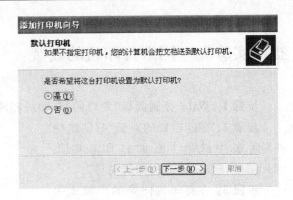

图 1-57　指定"默认打印机"

提高实验四　TCP/IP协议的设置

　　任务说明：TCP/IP 协议现在已成为 Internet 的标准协议。如果要访问局域网中的 UNIX/Linux 计算机，或通过局域网访问 Internet 或使用 Modem 拨号连接 Internet 都要加载该协议。默认的情况下系统自动加载 TCP/IP 协议。

　　步骤 1：对于 TCP/IP 协议，加载之后还要进行相关设置才能正常使用。

　　步骤 2：双击"控制面板"的"网络连接"图标🖥，打开"网络连接"窗口。

　　步骤 3：双击"本地连接"图标，打开"本地连接属性"窗口（图 1-58）。

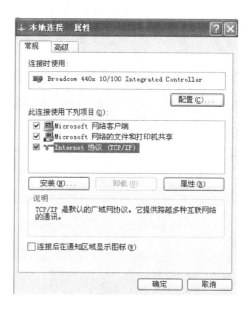

图 1-58　"本地连接属性"窗口

　　步骤 4：选择"Internet 协议（TCP/IP）"项，单击"属性"按钮。打开"Internet 协议（TCP/IP）属性"窗口，设置 IP 地址和 DNS 服务器地址，参见图 1-59。

　　步骤 5：如果 IP 地址使用动态分配的话，只要选择"自动获得 IP 地址"、自动获得 DNS 服务器地址即可，参见图 1-59。

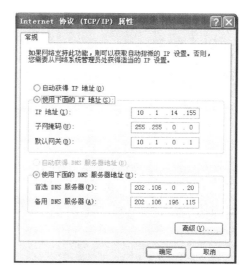

图 1-59　"Internet 协议（TCP/IP）属性"窗口

　　步骤 6：完成 TCP/IP 的设置后，鼠标右键单击桌面上的"网络邻居"图标，从快捷菜单中选择"属性"命令，打开"网络连接"窗口，其中出现了代表本地网络已经联通的图标，如图 1-60 所示，此时就可以通过网络浏览信息或收发邮件了。

图 1-60　网络联通图标

注意

现在很多单位的局域网或家中使用的宽带网都可自动获取 IP 地址。但如果使用固定 IP 地址的话,需要让网络管理员给自己分配 IP 地址,同时获得相应的"子网掩码"的地址和 DNS 域名解析服务器的 IP 地址,如果安装了网关还需要知道网关的 IP 地址等,把这些地址填写到各自的文本框中即可。

提高实验五　任务管理器的作用

任务说明:默认情况下,在 Windows XP 中按下 Ctrl+Alt+Delete 组合键可调出"任务管理器",如果连续按了两次键,会导致 Windows 系统重新启动。

步骤 1:使用"任务管理器"关闭、打开应用程序

(1)打开"任务管理器",选择"应用程序"选项卡,这里只显示当前已打开窗口的应用程序,选中应用程序(比如,"未命名-画图"),单击"结束任务"按钮可直接关闭这个应用程序,如果需要同时结束多个任务,可以按住 Ctrl 键复选。

(2)单击"新任务"按钮,可以直接打开相应的程序、文件夹、文档或 Internet 资源(如打开 C:\Program Files\javagirl.exe),可以直接在文本框中输入,也可以单击"浏览"按钮进行搜索,参见图 1-61。

图 1-61　创建新任务对话框

步骤 2:使用"任务管理器"关闭当前正在运行的进程

(1)切换到"进程"选项卡,这里显示了所有当前正在运行的进程,包括应用程序、后台服务等,那些隐藏在系统底层深处运行的病毒程序或木马程序都可以在这里找到,当然前提是要知道它的名称。

(2)单击需要结束的进程名称(如:WINWORD.EXE),然后单击"结束进程"按钮,就可以强行终止所选进程,参见图 1-62。不过这种方式将丢失未保存的数据,而且如果结束的是系统服务,则系统的某些功能可能无法正常使用。

图 1-62　"任务管理器"窗口"进程"选项卡

步骤 3:通过"任务管理器"的"性能"选项卡了解计算机的各种性能

(1)CPU 使用:表明处理器工作时间百分比的图表,该计数器是处理器活动的主要指示器,查看该图表可以知道当前使用的处理时间是多少。

(2)CPU 使用记录:显示处理器的使用程序随时间变化情况的图表,图表中显示的采样情况取决于"查看"菜单中所选择的"更新速度"设置值(图 1-63),"高"表示每秒 2 次,"正常"表示每两秒 1 次,"低"表示每 4 秒 1 次,"暂停"表示不自动更新。

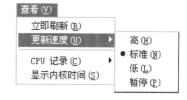

图 1-63　选择更新速度

（3）PF使用率：正被系统使用的页面文件的量。

（4）页面文件使用记录：显示页面文件的量随时间的变化情况的图表，图表中显示的采样情况取决于"查看"菜单中所选择的"更新速度"设置值。

（5）总数：显示计算机上正在运行的句柄、线程、进程的总数。

（6）认可用量：分配给程序和操作系统的内存，由于虚拟内存的存在，"峰值"可以超过最大物理内存，"总数"值则与"页面文件使用记录"图表中显示的值相同。

（7）物理内存：计算机上安装的总物理内存，也称RAM，"可用数"表示可供使用的内存容量，"系统缓存"显示当前用于映射打开文件的页面的物理内存。

（8）核心内存：操作系统内核和设备驱动程序所使用的内存，"分页数"是可以复制到页面文件中的内存，由此可以释放物理内存。"未分页"是保留在物理内存中的内存，不会被复制到页面文件中，参见图1-64。

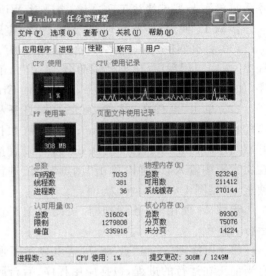

图1-64 "任务管理器"窗口"性能"选项卡

🔍 **注意**

Ctrl＋Alt＋Delete 组合键的功能是可以修改的，可以通过使用"记事本"打开 Windows 目录下的 System.ini 文件，修改相应项实现，如有此需求，请参阅相关书籍。

第2章

文字编辑与排版

入门实验　Word 2003 快速入门

实验目的：掌握创建文档的方法。通过对一个实际样例的实现，全面认识基本的排版功能。学会使用"格式"工具栏上的按钮或相关菜单命令来修饰文字。熟练掌握修饰段落的基本方法和技巧。掌握插入剪贴画和外部图片的方法并在文档中实现图文混排的效果。掌握页面设置与设置页眉和页脚方法。

任务1　创建新文档

步骤1：准备工作环境

（1）启动 Word 程序。

（2）用鼠标单击任务栏上的"语言指示器" 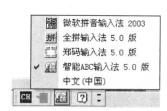，从弹出菜单中选择"智能 ABC 输入法"（读者也可以选择自己常用的输入法），参见图 2-1。

图 2-1　语言指示器

步骤2：熟悉工作环境

（1）观察输入法工具栏出现在 Word 程序工作窗口中（比如，"智能 ABC 输入法"），参见图 2-2 中的左下角信息。

图 2-2　工作窗口中出现输入法

（2）观察插入光标的默认位置在文档的起始位置处，光标显示为一条不断闪烁的竖线。

步骤3：文字输入练习

输入图 2-3 的文字内容。

翼动的心

目前世界上哪些国家的学生上网最多?

一项名为"互联网面面观"的调查访问了全球 16 个电子计算机普及率较高的国家及地区共 1 万名 12 至 24 岁的学生,显示结果如下图所示:

这项调查表明网络对学生的影响不言而喻。而在 1998 年美国心理学年会上,有研究报告指出,迷恋互联网极易"上瘾",危害最多的群体当属学生——大约四分之三的学生承认出现了成瘾有关的神经衰弱、失眠、头痛等症状。伯兰特医学院一名心理学教授在对 277 名学生进行调研后发现,有的学生遇到彷徨、苦闷、沮丧、失落感等负性心理障碍时,往往求助并依赖于互联网络寻求刺激、慰藉,以求摆脱心理困境。

图 2-3　输入文字内容

🔍**说明**

在输入文本时,所输入的字符总是位于光标所在的位置,随着字符的输入,光标不断右移,直至文档编辑的右边界,光标将自动移动到下一行的左边界位置。

输入过程中除段落结束外请不要按键盘上的 Enter 键。回车键标志着一个段落的结束和一个新段落的开始。

使用键盘上的 Backspace 和 Delete 键删除错误文字。Backspace 键与 Delete 键的区别在于:前者可删除插入符前面的一个字符,后者可删除插入符后面的一个字符。

可以通过键盘操作选择当前输入法:使用组合键 Ctrl+空格键打开或关闭中文输入法,使用组合键 Ctrl+Shift 可在英文及各种输入法之间进行切换。

步骤 4:保存文档

(1) 执行"文件|保存"命令,打开"另存为"对话框,参见图 2-4 设置文件保存信息。

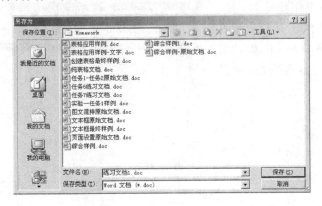

图 2-4　"另存为"对话框

(2) 单击"保存"按钮,完成新文档的保存操作。

注意观察 Word 程序窗口上标题栏的变化,如图 2-5 所示。

步骤 5:执行"文件|关闭"命令,关闭当前文档

🖼 练习文档1.doc - Microsoft Word

图 2-5　变化后的标题栏名称

小结

通过上面的任务练习，可以知道 Word 文档的文件名是由两部分组成的，比如"练习文档1"是主文件名，"doc"是文件扩展名，表示该文件类型，"练习文档1. doc"表示由 Word 程序创建的普通文档文件。如果将文件保存为"文档模板"，则文件扩展名是"dot"等。

任务 2　插入外部编辑对象

步骤 1：打开素材文档"练习文档1. doc"

步骤 2：插入外部文档

（1）将插入光标定位在文档起始位置处。

（2）执行"插入|文件"命令，打开"插入文件"对话框。

（3）在"查找范围"中选定素材文件存放的位置，然后在列表框中选择所要插入文件"练习文档2. doc"，参见图 2-6，单击"插入"按钮。

（4）注意观察文档窗口中内容的变化。

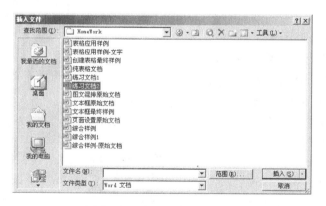

图 2-6　"插入文件"对话框

步骤 3：移动文档内容

（1）将插入光标放在"网络文化素养"的开始处。

（2）按下鼠标左键并拖动鼠标至文字的最末端（即选取"翼动的心"之前的所有段落）。此时，文字呈反显状态。

（3）单击"常用"工具栏上的"剪切"按钮，所选取的内容在文档窗口中消失。

（4）将光标放到该文件的末尾处，单击常用工具栏上的"粘贴"按钮，完成复制文档内容的操作。

小结

不论读者进行何种编辑操作，都需要通过选取操作来明确编辑对象，然后进行相应的操作，比如移动、复制与删除等文本编辑操作。在"复制"和"剪切"操作过程中剪贴板所起到的作用相当于一个临时存放信息的中转站。

步骤 4：插入剪贴画

(1) 在文档第 4 行末尾处按下键盘上的 Enter 键，产生一个空行。

(2) 执行"插入|图片|剪贴画"命令，打开"剪贴画"任务窗格，在"搜索文字"文本框中输入"科技"，单击"搜索"按钮，该任务窗格下方的列表窗口中将显示这一类别的剪贴画，参见图 2-7。

(3) 移动该对话框右侧的垂直滚动条，找到所需要的图片，参见图 2-8。

(4) 单击该图片右侧的小三角按钮，打开一个快捷菜单，从中选择"插入"命令，该图片将插入到文档中。

(5) 单击"剪贴画"任务窗格右上角的"关闭"按钮 **✕**，完成插入剪贴画图片的操作。

步骤 5：插入外部图片

(1) 光标位置仍处于当前位置。

(2) 选择"插入|图片|来自文件"命令，打开"插入图片"对话框，插入图片文件"图表.bmp"，效果参见图 2-9。

步骤 6：保存文件

🔍 说明

在 Word 文档中不仅可以插入文件和图片，还可插入其他的对象，例如：图表、艺术字、文本框及来自其他应用程序所创建的对象等。通过"插入"菜单可以了解所插入的所有对象。

🔍 练习

(1) 在"网络心理疾病"段落下方插入"病毒-蜘蛛.bmp"图片，参见图 2-10(a)。

(2) 在"网络文化素养"段落下方插入"电脑-2.bmp"图片，参见图 2-10(b)。

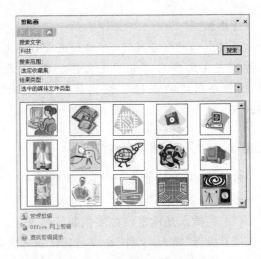

图 2-7　"剪贴画"任务窗格

图 2-8　所要插入的图片

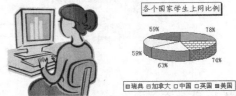

图 2-9　插入图片后的效果

(a)　　　　　　(b)

图 2-10　插入外部图片

任务 3 页面设置

步骤 1：打开样例文件"入门实验原始文档样例.doc"。

步骤 2：执行"文件|页面设置"命令，打开"页面设置"对话框，如图 2-11 所示。

步骤 3：选择打印纸张类型

打开"纸张"选项卡，从"纸张大小"列表中选择所需要的 A4 纸张，参见图 2-12。

注意观察该对话框的"预览"区域的变化。

步骤 4：设置页面边距和打印方向

（1）打开"页边距"选项卡，利用微调按钮，调整文档的上、下、左、右边距，比如"3厘米"。设置"纵向"打印方向，参见图 2-13。

注意观察该对话框的"预览"区域的变化。

（2）单击"确定"按钮，完成对该文档的页面设置操作。

🔍**说明**

页面设置不好，除了打印出的文档页面不美观外，图文混排的长文档可能出现图像位置不能固定的问题，即编辑完成后，下次再打开时，图像不在原位置。

任务 4 修饰文字

继续任务 3 练习。

步骤 1：修饰主标题

（1）选取文档中的第 1 行内容，单击"格式"工具栏上"字体"下拉列表框 `Times New Roman`，选择"隶书"字体。

（2）单击"字号"下拉列表框 `五号`，选择"小初"，观察文档窗口中修饰后的主标题效果。

（3）选择"格式|字体"命令，打开"字体"对话框，在"效果"区域中选择"阴影"效果，参见图 2-14，单击"确定"按钮。

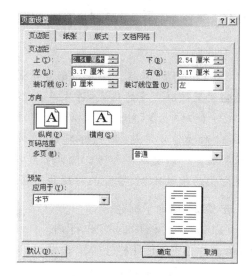

图 2-11 "页面设置"对话框

图 2-12 选择纸张类型

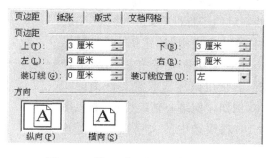

图 2-13 设置页面边距和打印方向

图 2-14 选择阴影效果

(4) 单击"格式"工具栏上"居中"按钮▤,使主标题采用居中对齐的方式。

🔍 **说明**

(1) "格式"工具栏上的每个格式设置按钮相当于开关按钮,具有"双态"性质,单击这些按钮设置选取文字的格式,再次单击这些按钮则取消选取文字的格式设置。

(2) 使用"字体"对话框可以对文字进行更复杂、更漂亮的排版,例如上、下标的文字,如 H_2O 的操作方法是:首先输入 H2O 文字,然后选取文字 2,在"字体"选项卡的"效果"区域单击"下标"复选框即可。除此之外,还可以单击"字符间距"选项卡,为所选取的文字设置它们的缩放比例、字符的间距和字符的位置等。

步骤 2:修饰子标题

(1) 选取文档中的第 2 行内容,单击"格式"工具栏上"样式" 正文 下拉列表框,从中选择"标题 3"样式,参见图 2-15。

(2) 观察"标题 3"样式应用的效果,参见图 2-16。

(3) 单击"格式"工具栏上"编号"按钮▤,为子标题编排编号次序,最终效果参见图 2-17。

(4) 利用"格式刷"工具按钮修饰文档中的其他子标题。首先选取修饰后的子标题,双击"格式"工具栏上的"格式刷"按钮✎,此时鼠标指针形状变化为带有格式刷指针▲,直接用鼠标选取需要修饰的文字(例如,"网络心理疾病"),参见图2-18,观察选中的文字被刷上了这种格式。

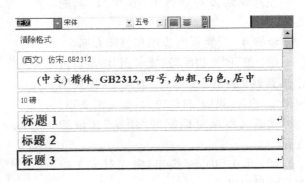

图 2-15　选择样式

目前世界上哪些国家的学生上网最多?

图 2-16　所选样式的效果

1. 目前世界上哪些国家的学生上网最多?

图 2-17　为子标题编号

▲网络心理疾病

图 2-18　用"格式刷"来修饰

(5) 完成其他子标题修饰。

(6) 再次单击"格式"工具栏上的"格式刷"按钮✎,取消格式刷功能。

🔍 **说明**

(1) "格式"工具栏上"样式"下拉列表框中显示了在文档中使用的样式列表。使用样式不仅可以轻松快捷地编排具有统一格式的段落,而且可以使文档格式严格保持一致。

(2) 格式刷具有"格式复制"的功能,利用它可以很方便地对其他文本做同样的格式化操作。单击或双击"常用"工具栏上的格式刷按钮之后,鼠标指针会变成一个小刷子,此时它所代表的是一组字符格式的设置。单击它只能使用一次,而双击它,则可以多次使用。

步骤 3：设置字符底纹效果

（1）选取子标题"3. 网络文化素养"下的第 2 行文本内容"上网要科学安排："。

（2）单击"格式"工具栏上的"字符底纹"按钮 A ，效果参见图 2-19。

步骤 4：利用项目符号修饰文字

参见图 2-20 选取 3 个段落，单击"项目符号"按钮 ☰ ，效果参见图 2-20。

上网要科学安排：

图 2-19　设置字符底纹

步骤 5：保存文档

任务 5　修饰段落

继续任务 4 的练习。

步骤 1：调整段落首行缩进的位置

（1）选取子标题 1 中的第 1 个段落，用鼠标单击水平标尺上的"首行缩进"按钮 ▽ 并拖动到约 0.8 厘米的位置（参见图 2-21），释放鼠标，观察该段落的首行自动缩进了约 2 个汉字的位置。

（2）选中子标题 1 中的第 2、第 3 和第 4 段落，执行"格式|段落"命令，打开"段落"对话框，参见图 2-22。

（3）在"缩进和间距"选项卡中单击"特殊格式"列表框按钮，并从中选择"首行缩进"命令，参见图 2-23。

（4）利用"度量值"的微调按钮 ⬍ ，调整段落首行缩进 0.8 厘米，参见图 2-24，单击"确定"按钮，观察文档中的段落布局变化。

步骤 2：调整行距

（1）选取子标题 3 下方的所有段落。

（2）执行"格式|段落"命令，在"缩进和间距"选项卡中，利用"行距"列表调整行与行之间的距离为 1.5 倍（参见图 2-25）。

- ◆ 一是要控制上网操作时间，每天操作累积不应超过 5 小时，且在连续操作一小时后应休息 15 分钟；
- ◆ 二是上网之前先明确上网的任务和目标，把具体要完成的工作列在纸上；
- ◆ 三是上网之前根据工作量先限定上网时间，准时下网或关机。

图 2-20　设置项目符号

图 2-21　拖动首行缩进按钮

图 2-22　"段落"对话框

图 2-23　"特殊格式"　　　图 2-24　"度量值"
　　　　列表框　　　　　　　　微调按钮

图 2-25　"行距"列表框

(3) 单击"确定"按钮,观察文档中的段落布局变化。

说明

(1) 关于首行缩进:在输入文本时,不要用键盘上的空格键产生段落的缩进,而要利用水平标尺上的首行缩进按钮或利用菜单命令进行统一的调整。

(2) 关于段落对齐:直接使用"格式"工具栏上的工具按钮 ≡ ≡ ≡ ≡。使用"格式"菜单中的"段落"命令不仅可以设置段落的首行缩进与悬挂缩进,还可以调整行距、段前与段后的间距和段落的对齐方式等。

练习

利用"格式|段落"命令,调整标题 2 中的所有段落首行缩进约 0.8 厘米。

步骤 3:设置段落边框线效果

(1) 选取最后一个段落,执行"格式|边框和底纹"命令,打开"边框和底纹"对话框,在"边框"选项卡的"设置"区域中选择边框式样"方框",再从"线型"列表框中挑选双线边框线的式样▬▬▬▬,在"宽度"下拉列表中设置边框线粗细为 3 磅,在"预览"区域中,单击左边框线█和右边框线█,取消段落左右边框线,设置参数参见图 2-26。

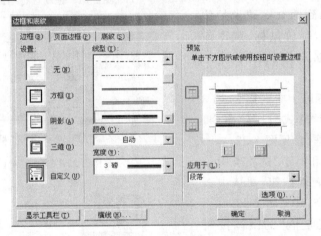

图 2-26　设置段落边框

(2) 单击"确定"按钮,文档最后一个段落边框线效果参见图 2-27。

> 在纷繁复杂的信息网络世界里,理智的网民要善于运用信息科学,学会筛选有用信息,提高
> 自身抵制信息污染的能力,使自己不仅成为计算机网络的使用者,更是网络的建设者和真正
> 主人,以良好的姿态去迎接信息社会的挑战。

图 2-27　段落添加边框后的效果

步骤 4:设置文档页边框艺术线效果

选择"格式|边框和底纹"命令,打开"边框和底纹"对话框,进入"页面边框"选项卡,从

"艺术型"列表框中挑选一种花边图案,参见图 2-28,观察预览区域效果,并注意到对话框右下角"应用于"的范围为"整篇文档",单击"确定"按钮,如图 2-41 所示。

小结

通过对文字和段落的修饰,才能使整篇文档层次分明,使读者能够一目了然,抓住重点。可见,要让一篇文章易读且美观,不仅需要用文章的内容吸引读者,还要有清新的版面设计。

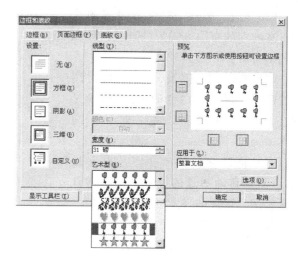

图 2-28　设置文档艺术页边框

任务 6　实现图文混排的效果

继续任务 5 的练习。

步骤 1:选取剪贴画

(1) 单击插入的剪贴画,该图片四周出现实线边框和 8 个黑色的小方块(参见图 2-29),表明该图片与文字同处一个层面,即图片充当了正文中的一个特殊字符的角色,同时屏幕上出现"图片"工具栏。

(2) 将它移到"这项调查……"段落的起始位置处(图 2-29)。

说明

文档中的文字和图形是两类不同的对象,所以它们之间存在着 3 种"层次关系":图文同处一个层面(图 2-29)、图片浮在文字上方(图 2-30)以及图片衬于文字下方(图 2-31)。

步骤 2:实现图文混排的效果

(1) 选取图片,执行"格式|图片"命令,打开"设置图片格式"对话框。

图 2-29　图文同处一个层面

图 2-30　图片浮在文字上方

图 2-31　图片衬于文字下方

（2）打开"版式"选项卡，设置图片与正文内容的布局方式为"四周型"环绕方式、"右对齐"（图2-32）。

（3）单击"确定"按钮，观察此时图片的四周出现8个白色的小圆点（参见图2-33），表明图片与文字处于不同层次。

（4）将鼠标指针放在图片上并拖动，可随意移动图片的位置。鼠标指针放在该图片四周的任意一个白色小柄上拖曳鼠标，可实现图片尺寸缩放的操作。

（5）将剪贴画移动到图表图片的右侧（参见图2-41）。

（6）分别将"病毒-蜘蛛"和"电脑-2"图片实现图文混排的效果。调整"电脑"图片的大小和位置，参见最终效果图2-41。

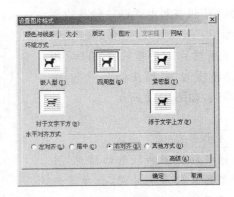

图2-32　"设置图片格式"对话框

图2-33　设置图片环绕方式

🔍 **说明**

"设置图片格式"对话框中的"图片"选项卡可以裁剪图片，或调整图片的颜色、亮度和对比度；"版式"选项卡可实现图文混排及背景图的排版效果；利用"颜色和线条"选项卡可为图片填充不同的颜色和为图片添加边框效果。

步骤3：修饰图片

（1）选取剪贴画图片，执行"格式│图片"命令，打开"设置图片格式"对话框。

（2）选择"颜色和线条"选项卡，单击线条区域中的"颜色"按钮中的右下箭头，并单击颜色列表中的 带图案线条(P)... 按钮，参见图2-34，打开"带图案线条"对话框。

（3）选择"图案"区域中的"小网格"按钮▦，参见图2-35，单击"确定"按钮，返回"设置图片格式"对话框中。

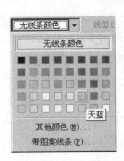

图2-34　设置线条填充颜色

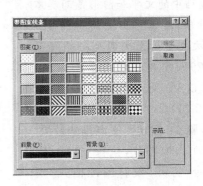

图2-35　"带图案线条"对话框

（4）单击"线型"  下拉箭头按钮，设置图片边框线粗细为 6 磅，单击"确定"按钮，图片最终修饰效果见图 2-36。

步骤 4：保存文件

任务 7　设置页眉和页脚

继续任务 6 的练习。

步骤 1：选择"视图｜页眉和页脚"命令，进入页眉和页脚编辑视图，参见图 2-37。

🔍 **观察**

此时的文档编辑区域呈灰色，屏幕上出现了"页眉和页脚"工具栏，表明当前正处于页眉和页脚的编辑环境。

步骤 2：输入页眉文本内容"网络心理学期刊——第一期"，参见图 2-38。

🔍 **说明**

插入页眉后在其底部加上一条页眉线是默认选项。如果不需要，可自行删除。方法是：进入页眉和页脚视图后，将页眉上的内容选中，然后单击"格式｜边框和底纹"。在"边框"选项卡"设置"选项区中选中"无"，再单击"确定"按钮即可。

步骤 3：输入页脚内容

（1）单击"在页眉和页脚间切换"按钮，进入页脚的编辑状态。按下 Tab 键 1 次，将插入光标定位在页面底部中间。

（2）首先输入文字"第"，然后单击按钮，插入页码，最后输入文字"页"（图 2-39）。

步骤 4：退出页眉和页脚编辑视图

图 2-36　图片最终修饰效果

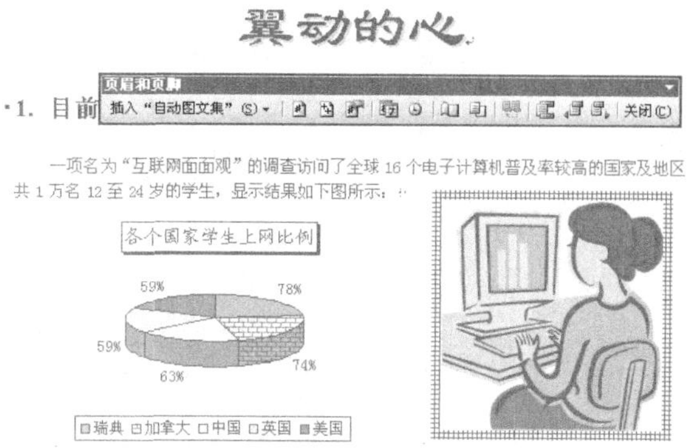

图 2-37　"页眉和页脚"编辑视图

网络心理学期刊——第一期

图 2-38　输入页眉内容

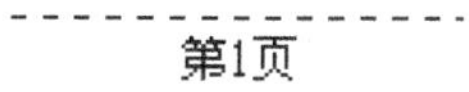

第1页

图 2-39　输入页脚

说明

（1）页眉和页脚是指位于上页边区和下页边区中的注释性文字或图片。通常，页眉和页脚可以包括文档名、作者名、章节名、页码、编辑日期、图片以及其他一些域等多种信息。

（2）页眉、页脚区的位置受两个因素影响。一是"页面设置"对话框中"页边距"选项卡上"距边界"选项区的选择；二是页眉、页脚区的高度。

步骤5：打印与预览文档

（1）选择"文件|打印预览"命令或者单击"常用"工具栏上的"打印预览"按钮，进入"打印预览"窗口，参见图2-40。

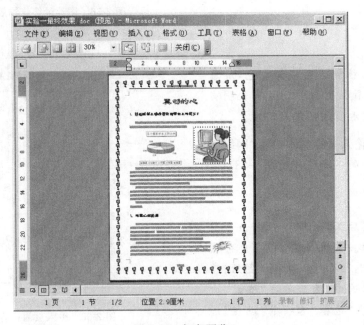

图2-40　打印预览

（2）使用"打印预览"工具栏上的"显示比例"列表框调整显示比例，比如100%，系统将按最终的输出效果显示出来，参见图2-41。

（3）单击"打印预览"工具栏中的"关闭"按钮，退出打印预览视图。

（4）关闭文件。

说明

在文档输出之前，使用打印预览功能观察文档打印输出的外观效果，可以节省纸张。在打印预览视图中还可以浏览页眉和页脚，注意观察样例每页都有相同的页眉内容，页码数值是变化的。

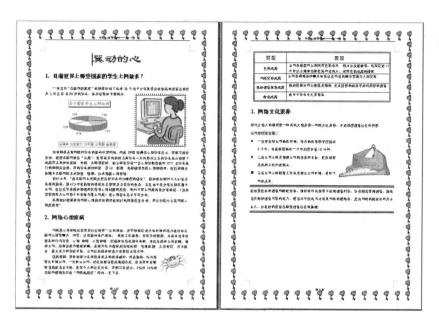

图 2-41　入门实验的最终效果样例

提高实验一　制作表格

实验目的:掌握使用"标准"工具栏上的"插入表格"按钮创建表格的方法。通过实验中的每一个指示步骤,利用 Word 提供的表格制作工具,完成"个人简历一览表"制作,效果参见图 2-42。

个人简历一览表						
姓名		性别		年龄		照片
地址	通信地址:					
	邮政编码		电子邮件			
	电话		传真			
应聘岗位	□ 教学　　　□科研　　　□管理　　　□服务					

图 2-42　表格样例

步骤 1:创建表格结构

(1) 单击"标准"工具栏上的"插入表格"按钮 ▦ ,展开一个空白网格(图 2-43)。

(2) 在空白网格上拖动鼠标,选择一个 6 行×7 列的表格,释放鼠标。

(3) 观察,此时在插入光标位置处创建了一个 6 行×7 列的表格。

图 2-43　空白网格

🔍**说明**

除了上述介绍创建表格的方法之外,还可以利用"表格|插入|表格"命令,在其对话框中输入所需的行、列数。通过"表格和边框"工具栏上绘制表格按钮 ◿ ,可直接绘制自由表格。

步骤 2:合并单元格操作

(1) 选定表格的第 1 行,执行"表格|合并单元格"命令,将第 1 行的 7 个单元格合并成一个单元格,参见图 2-44。

(2) 合并第 1 列的第 3、4、5 单元格,合并第 7 列的第 2、3、4、5 单元格。

(3) 合并第 3 行的 2、3、4、5、6 单元格,合并第 6 行的 2、3、4、5、6、7 单元格,合并后的表格结构参见图 2-45。

图 2-44　合并第一行

图 2-45　合并单元格后的表格

🔍**说明**

（1）用鼠标单击某个单元格，执行"表格|选定|单元格"命令，选取表格中的某个单元格。

（2）首先选取某个或某些单元格，然后通过"表格|合并单元格"或"表格|拆分单元格"命令来改变表格的结构。

步骤 3：输入表格的内容

按照图 2-46"表格样例"完成表格内容的输入操作。在表格中输入文字与在 Word 文档中输入文字是相似的，前提是把光标插入点放在要输入文字的单元格内。

个人简历一览表						
姓名		性别		年龄		照片
地址	通信地址：					
	邮政编码		电子邮件			
	电话		传真			
应聘岗位	教学　科研　管理　服务					

图 2-46　输入表格的内容

🔍**说明**

（1）**手动调整表格的行高和列宽**

① 将鼠标指针放在表格的边线上，鼠标指针形状发生变化，参见图 2-47，按下鼠标左键，并上、下拖动鼠标，可以调整行的高度。

② 把鼠标指针放在表格的任意一个单元格内，观察水平标尺，在它的上面会出现若干个表格标记，参见图 2-48，将鼠标指针放在表格标记上并进行左、右拖动，可以调整列的宽度。

图 2-47　手动调整行高时鼠标指针的形状

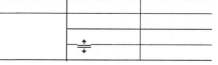

图 2-48　利用水平标尺手动调整列宽

（2）**精确调整表格的行高和列宽**

使用"表格|表格属性"命令精确调整。此外，还可设置表格的对齐方式和文字环绕效果、单元格内文字的对齐方式等。

步骤4：插入特殊符号

（1）将鼠标指针放在最后一行的"教学"文字前面，执行"插入|符号"命令，打开"符号"对话框。

（2）在"字体"列表框中选择"Wingdings"字体，其下方的内容框里出现该字体带有的象形符号（图2-49），选择"□"符号。

（3）单击"插入"按钮，在"教学"内容前插入"□"符号，参见图2-50，单击"关闭"按钮。

（4）使用复制方法完成编辑，参见图2-50。

步骤5：修饰表格标题

字体："隶书"，字号："二号"、"加粗"、"居中"对齐、15％的灰色底纹，参见图2-51。

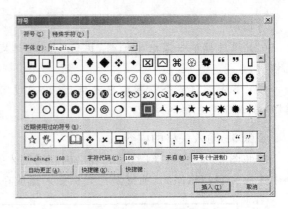

图2-49　"符号"对话框

□教学　　□科研　　□管理　　□服务

图2-50　插入特殊符号的效果

个人简历一览表

图2-51　修饰表格标题

🔍**练习**

参见图2-52并完成其余表格的制作，并保存文件。

所受教育程度	时间	学校

外语	□英语	□日语	□俄语	□法语	□其他
计算机	■计算机的一般操作	■具有编程能力	■熟悉 Oracle 数据库	■熟悉网页制作	

图2-52　完成其余表格的制作

提高实验二　特殊的排版效果

实验目的：掌握艺术字的制作方法，利用艺术字、文本框等方法创建文档中各类特殊标题。熟练掌握文本框的使用技巧，利用它为图片添加说明文字；设计特殊标题；了解在文本框内可以放置多种对象（例如：图片、图形、艺术字、表格、公式等）。掌握利用表格进行版面设计的排版技巧。

任务 1　利用艺术字创建鲜明的文档标题

步骤 1：打开"特殊排版原始文档.doc"文件

步骤 2：插入艺术字

（1）单击"绘图"工具栏上的"插入艺术字"按钮，打开"艺术字库"对话框，系统提供了 30 种艺术字的式样（图2-53）。

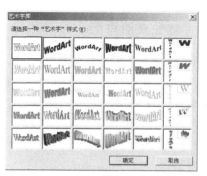

图 2-53　艺术字库对话框

（2）选择第 5 行第 5 列的艺术字式样，单击"确定"按钮，打开"编辑'艺术字'文字"对话框，参见图 2-54。

（3）在"文字"编辑区域中输入"网络"，替换掉原有的默认内容。

（4）将字体设置成"隶书"与"加粗"，字号 36，参见图 2-54，单击"确定"按钮。

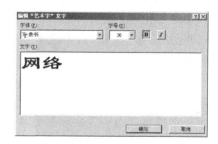

图 2-54　编辑艺术字

（5）观察，屏幕上出现"艺术字"工具栏，同时文档中的艺术字处于选中状态，即艺术字四周有 8 个黑色的小方块，参见图 2-55。

步骤 3：改变艺术字的形状

（1）单击"艺术字"工具栏上的"艺术字形状"按钮，展开一个艺术字形状列表框，参见图 2-56。

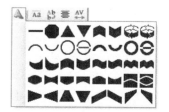

图 2-55　艺术字处于选中状态　　　　　图 2-56　艺术字形状列表

（2）从中选择"腰鼓"形状 ，观察文档中艺术字形状的变化。

步骤 4：完成整个艺术字标题的创建

（1）用同样的方法完成"理学"文字的艺术字的创建。

（2）插入一个艺术字"心"，采用"艺术字"库对话框中第3行第4列的艺术字式样，最终标题效果参见图2-57。

步骤 5：保存文件

图 2-57　最终标题效果

任务 2　特殊桌面排版

步骤 1：打开"分栏与首字下沉.doc"文件

步骤 2：分栏排版

（1）选取文档的第1到第3段落。

（2）执行"格式|分栏"命令，打开"分栏"对话框。

（3）在"预设"区域中选择"两栏"，设置栏间距为"1厘米"，观察"预览"区域小窗口中的变化，参见图2-58。

（4）单击"确定"按钮，观察文档分栏后的排版效果。

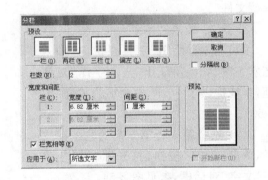

图 2-58　"分栏"对话框

🔍说明

（1）分栏排版是报纸、杂志中经常用到的排版格式。分栏既可美化页面，又可方便阅读。

（2）利用"格式|分栏"命令，不但最多可建立11栏的分栏版式，且可自行设定栏宽和栏间距，以及在栏间添加分隔线等。

步骤 3：设置首字下沉效果

（1）选取最后一个段落的首字"总"。

（2）执行"格式|首字下沉"命令，打开"首字下沉"对话框，参见图2-59。

（3）选择"下沉"效果，且"字体"为隶书、"下沉行数"为3行和"距正文"距离为0厘米等。

图 2-59　"首字下沉"对话框

（4）单击“确定”按钮，观察文档窗口中段落布局效果（参见图 2-60）。

步骤 4：保存文件

总之，Internet网作为一个新的事物，和心理学有着密切的联系。网络影响着人们的心理，过分迷恋上网可能会带来心理生理危害；网上身份丧失带来了平等感、自由感、身份变化感；上网者心理和网络社会对人们心理的影响也值得研究；网络将使心理学研究方法发生改变；并且，一门新的心理学分支：网络心理学将占居重要地位。广义的网络心理学指和网络有关的心理学研究狭义的网络心理学是用信息交流观点为核心的心理学。

图 2-60　首字下沉布局效果

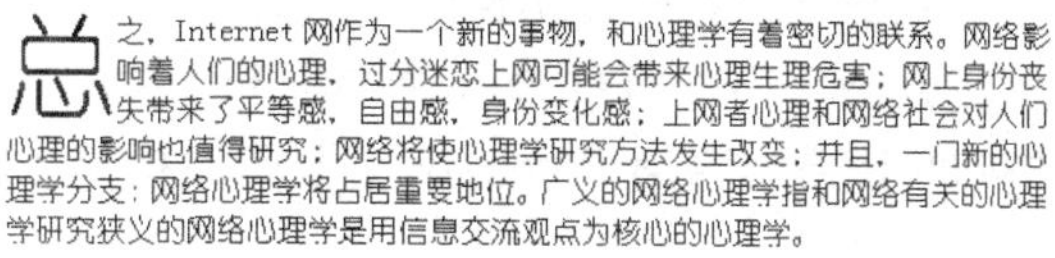

任务 3　文本框的使用

步骤 1：打开“文本框原始文档. doc”文件

步骤 2：设置竖排文本框效果

（1）选取蓝色文本段落，单击“绘图”工具栏上的“竖排文本框”按钮。

（2）观察蓝色文本段落由原来的从左到右水平排版布局改变为垂直布局，并被放置在一个矩形框中，效果如图 2-61 所示。

研究人类进化的科学家们，提出了三种不同的见解，英国古生物与古人类学家多格尔·狄克森在他的著作《人类之后》中声称：生物的进化程度越高，也就衰亡得越快。人类是地球上进化程度最高的生物，已经历了150万年的进化历程，现在开始走下坡路，走向衰退。与此观点相关的是，环境恶化以及核扩散的不可预期所带来的恶性基因突变。

图 2-61　文本框竖排效果

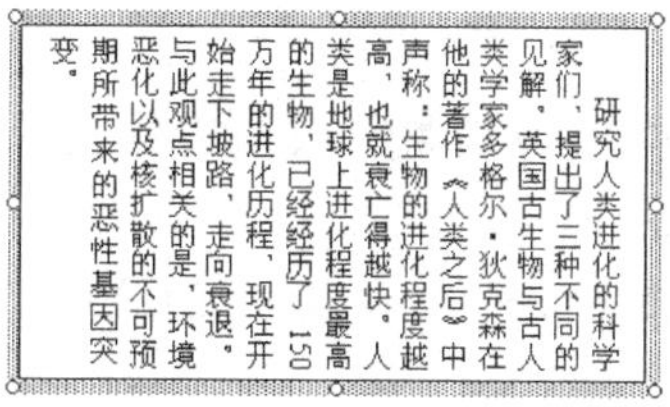

（3）通过四周 8 个白色的小圆点，调整文本框的大小。

步骤 3：取消文本框的边框线

执行“格式|文本框”命令，打开“设置文本框格式”对话框，从颜色列表框中选择“无线条颜色”选项。单击“确定”按钮，观察文本框四周的边框线已被取消。

步骤 4：利用文本框制作小标题

（1）单击“竖排文本框”按钮，在分栏的段落之间，绘制一个矩形区域。

（2）在文本框中输入“未来人类”。

（3）设置文本框文字的格式：“华文彩云”字体、“二号”字号、加粗、居中对齐。

（4）单击“绘图”工具栏上的“阴影”按钮，添加文本框阴影效果。

（5）参照文本框最终样例调整文本框的位置，最终效果见图 2-62。

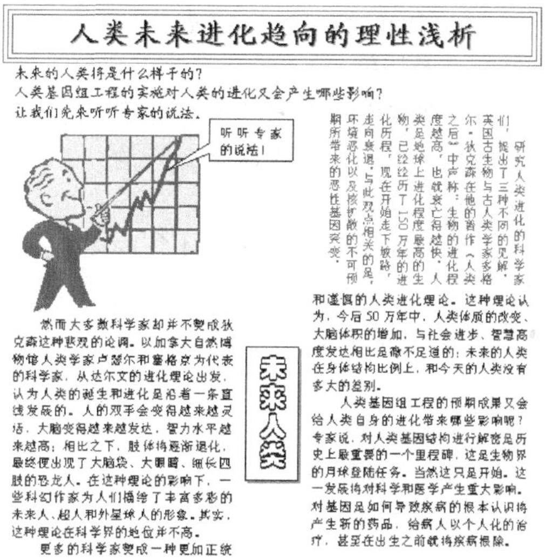

人类未来进化趋向的理性浅析

未来的人类将是什么样子的？

人类基因组工程的实施对人类的进化又会产生哪些影响？

让我们先来听听专家的说法。

研究人类进化的科学家们，提出了三种不同的见解，英国古生物与古人类学家多格尔·狄克森在他的著作《人类之后》中声称：生物的进化程度越高，也就衰亡得越快，人类是地球上进化程度最高的生物，已经经历了150万年的进化历程，现在开始走下坡路，走向衰退，与此观点相关的是，环境恶化以及核扩散的不可预期所带来的恶性基因突变。

未来人类

然而大多数科学家却并不赞成狄克森这种悲观的论调。以加拿大自然博物馆人类学家卢瑟尔和塞格京为代表的科学家，从达尔文的进化理论出发，认为人类的诞生和进化是沿着一条直线发展的。人的双手会变得越来越灵活，大脑变得越来越发达，智力水平越来越高；相比之下，肢体将逐渐退化，最终便出现了大脑袋、大眼睛、细长四肢的恐龙人。在这种理论的影响下，一些科幻作家为人们描绘了丰富多彩的未来人、超人和外星球人的形象。其实，这种理论在科学界的地位并不高。

更多的科学家赞成一种更加正统和谨慎的人类进化理论。这种理论认为，今后50万年中，人类体质的改变、大脑体积的增加，与社会进步、智慧高度发达相比是微不足道的：未来的人类在身体结构比例上，和今天的人类没有多大的差别。

人类基因组工程的预期成果又会给人类自身的进化带来哪些影响呢？专家说，对人类基因结构进行解密是历史上最重要的一个里程碑，这是生物界的月球登陆任务。当然这只是开始。这一发展将对科学和医学产生重大影响。对基因是如何导致疾病的根本认识将产生新的药品，给病人以个人化的治疗，甚至在出生之前就将疾病根除。

图 2-62　文本框应用最终样例图

任务 4　利用表格进行版面的设计

步骤 1：新建新文档，插入一个 3 列×4 行的表格。

步骤 2：参见图 2-63 所示表结构，通过合并单元格修改新建表格的结构。

<table>
<tr><td></td><td colspan="2"></td></tr>
<tr><td></td><td colspan="2"></td></tr>
<tr><td colspan="2"></td><td></td></tr>
<tr><td colspan="2"></td><td></td></tr>
</table>

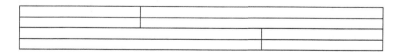

图 2-63　合并后的效果

步骤 3：修饰表格单元

　　分别为第 1 行的第 2 个单元格、第 2 行第 1 个单元格和第 4 行第 1 个单元格，添加"灰色-10％"，为第 3 行的第 1 个单元格添加图案为"浅色横线"式样的底纹，修饰后的表格参见图 2-64。

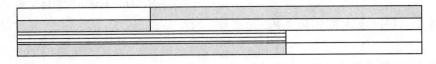

图 2-64　修饰后的表格

步骤 4：取消整个表格边框线，参见图 2-65。

步骤 5：输入表格中的文字内容

　　（1）打开"表格应用样例-文字.doc"文件，选取横线上面的文字并进行复制操作，然后粘贴到第 2 行的第 1 个单元格中，观察表格的高度会自动调整。

　　（2）选取横线下面的所有文字并进行复制操作，粘贴到第 2 行的第 2 个单元格中。

　　（3）分别在第 3 行和第 4 行的第 2 个单元格中插入"作文"和"ZuoWen"艺术字，参见图 2-66。

图 2-65　取消表格边框线

图 2-66　在表格中加入文字内容

步骤 6：设置背景图片

　　（1）插入图片。在第 2 行第 2 个单元格中插入一幅"概念"剪贴画，参见图 2-67。

图 2-67　插入背景图片

　　（2）调整图片的颜色。选中剪贴画，执行"格式│图片"命令，打开"设置图片格式"对话框，选择"图片"选项卡；从"图像控制"区域的"颜色"列表中选择"冲蚀"命令，参见图 2-68。

图 2-68　调整图片的颜色为水印

（3）制作水印效果。打开"设置图片格式"对话框，在"版式"选项卡中选取"衬于文字下方"环绕方式，单击"确定"按钮。调整图片的大小，利用图片工具栏上的"降低亮度"按钮来调整图片的色调。观察此时的图片布局效果，参见图 2-69，图片变成了文字的背景。

图 2-69　最终效果

提高实验三　长文档的制作

实验目的:在实际的工作学习中,文字处理除了文章排版这样的常规任务外,还经常需要面对长文档的制作任务,比如毕业论文、宣传手册、活动计划等。如果不充分发挥Word自动功能,那么整个工作过程可能费时费力,而且质量还不能令人满意。

本实验专门介绍长文档制作过程中有助于提高效率的方法和技巧。

任务1　良好的开端——在大纲视图中构建文档纲目结构

步骤1:启动Word 2003,新建一个空白文档,然后单击窗口左下方的"大纲视图"按钮 ,切换到大纲视图。观察此时窗口上方出现了"大纲"工具栏(图2-70),该工具栏是专门为建立和调整文档纲目结构设计的。

步骤2:参见图2-71输入一级标题。

图2-70　"大纲"工具栏

说明

观察输入的标题段落被Word自动赋予"1级"样式(参见图2-71),Word的这个自动化功能将节省读者用常规方法处理文档时手动设置标题样式的时间。文档越长、标题段落越多,这个自动化功能的优越性就越能体现。

一篇文档有若干级别的标题、正文、引文等样式。不同的样式应当设置不同的格式。比如正文的默认值是五号字,单倍行距,但这并不好看;通常选用打印效果较好的11磅字,1.25倍行距。这就需要对模板自带样式进行修改或自定义。执行"格式|样式和格式"命令,读者可修改或自定义标题样式。

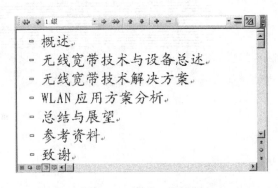

图2-71　输入一级标题

步骤3:输入二级标题

(1)将插入光标定位在"概述"段落末尾,按Enter键后产生新的段落,按Tab键,将该段落的标题降一级(图2-72)。

图2-72　降级标题

说明

使用"大纲"工具栏的"降级"按钮 也能降级段落标题。

（2）输入"概述"的下属二级标题段落"WLAN 目前的国内外发展现状"，按 Enter 键后新生成段落继承"2 级"样式，参见图 2-73 输入其他二级标题。

说明

在实际工作中，如果文档有更多的标题等级，后面标题等级的处理以此类推。Word 内置了"1 级"到"9 级"9 个标题样式，可以处理大纲中出现的一级标题到九级标题。

步骤 4：认识段落控制符

（1）完成二级标题输入后，观察到，凡是含有下属标题的一级标题段落前面的段落控制符由原来的减号"－"变成加号"＋"（参见图 2-73）。

（2）单击标题前面的段落控制符，可选中该段落以及它的下属段落。

（3）双击加号"＋"段落控制符，比如"概述"前面的段落控制符，展开（或折叠）其下属段落。

说明

使用"大纲"工具栏上的"显示级别"命令（图 2-74），可以更方便地察看整个文档的某一级标题纲要。

步骤 5：调整文档纲目结构

（1）单击"大纲"工具栏上的"显示级别"命令列表，选择"显示级别 1"命令（参见图 2-74），察看整个文档的一级标题纲要（图 2-75）。

（2）选择"WLAN 应用方案分析"，单击"大纲"工具栏的"上移"按钮 ，完成将"WLAN 应用方案分析"移动到"无线宽带技术解决方案"之前（图 2-76）。

概述
　WLAN 目前的国内外发展现状
　无线宽带接入技术分析
　WLAN 行业应用
无线宽带技术与设备总述
　无线局域网技术规范
　无线局域网的拓扑结构
无线宽带技术解决方案
　小型办公场所模型
　宾馆、机场、会展中心等模型
WLAN 应用方案分析
总结与展望
参考资料
致谢

图 2-73 输入其他二级标题

图 2-74 "显示级别"列表

概述
无线宽带技术与设备总述
无线宽带技术解决方案
WLAN 应用方案分析
总结与展望
参考资料
致谢

图 2-75 整个文档的一级标题纲要

概述
无线宽带技术与设备总述
WLAN 应用方案分析
无线宽带技术解决方案
总结与展望
参考资料
致谢

图 2-76 调整标题顺序

说明

使用"大纲"工具栏上的"提升"按钮 或"降低"按钮 ，实现标题级别的升或降操作。

使用"大纲"工具栏上的"降为正文文本"按钮 ，可将选中的标题改为"正文文本"，这样在后面的多级标题编号时，它就不会被编号。

步骤 6：当文档的纲目框架建立和修改好后，就可以切换到普通视图或页面视图进行具体内容的填写工作。

任务 2　设置多级标题编号

用 Word 提供的编号功能为长文档设置多级标题编号，这比手动编号效率高出不少。图 2-77 是样例文档完成多级标题编号后的效果图。

步骤 1：打开"长文档样例. doc"文件

步骤 2：设置多级编号

(1) 执行"格式|项目符号和编号"命令，打开"项目符号和编号"对话框，选择"多级符号"选项卡，选中第 2 行第 4 种编号方案，然后单击"自定义"按钮，打开"自定义多级符号列表"对话框。

(2) 选中"级别"列表框内的"1"，然后选择"编号样式"为"一、二、三"，在"编号格式"框内，将"一"字符后的"章"替换为"部分："(图 2-78)，即设置文档中一级标题段落按"第 X 部分："格式编号。

(3) 选中级别列表框内的"2"，按图 2-79 设置文档中二级标题段落的标号格式。

(4) 设置完成后单击"确定"按钮，返回文档编辑窗口，观察整个文档已经根据自定义格式对标题进行编号(参见图 2-79)。

- 第一部分：**概述**
  - 一、WLAN 目前的国内外发展现状
  - 二、无线宽带接入技术分析
  - 三、WLAN 行业应用
- 第二部分：**无线宽带技术与设备总述**
  - 一、无线局域网技术规范
  - 二、无线局域网的拓扑结构
- 第三部分：**无线宽带技术解决方案**
  - 一、小型办公场所模型
  - 二、宾馆、机场、会展中心等模型
- 第四部分：**WLAN 应用方案分析**
- 第五部分：**总结与展望**
- 第六部分：**参考资料**
- 第七部分：**致谢**

图 2-77　完成多级标题编号后的效果图

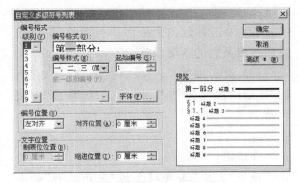

图 2-78　设置多级编号格式

图 2-79　设置二级标题编号格式

（5）编号完成后，切换到"页面视图"进行文档正文内容的填充工作。

小结

使用 Word 的自动编号功能既高效又快捷，而且读者还可通过自定义操作，制作符合自己个性的编号外观。

任务 3 设置图片题注

在正文内容的填充过程中，为了让文档更具表达力，需要插入很多图片。插入图片之后，随之而来的工作就是为插图编号，本任务介绍的"题注"功能就是为文章中使用的图片、表格、公式一类的对象，建立带有编号的说明段落。

步骤 1：打开样例文件"题注练习样例.doc"

步骤 2：设置图片题注格式

（1）将插入光标定位在图片插入位置处，执行"插入|图片|来自文件"命令，找到图片的存放位置，把图片插入文档。

（2）鼠标右键单击插入的图片，从弹出的快捷菜单中选择"题注"命令，打开"题注"对话框。这里需要设置插图编号的格式为"图 1-1、图 1-2"等。单击"标签"列表（图 2-80），察看 Word 默认标签没有所需格式。

（3）单击"新建标签"按钮，在弹出的"新建标签"对话框中输入"图"（图 2-81），注意不要输入任何数字，实际编号的数字由 Word 自动处理。输入完成后单击"确定"按钮返回"题注"对话框，观察此时"标签"列表中增加"图"编号。

（4）单击"编号"按钮，打开"题注编号"对话框，参见图 2-82 设置题注编号格式，单击"确定"按钮返回"题注"对话框，观察此时题注编号格式（图 2-83）。

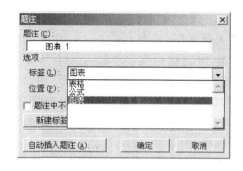

图 2-80 察看 Word 默认标签

图 2-81 新建标签

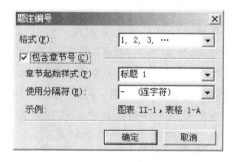

图 2-82 设置题注编号格式

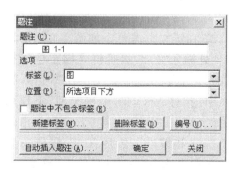

图 2-83 自定义的题注编号格式

（5）单击"自动插入题注"按钮，打开"自动插入题注"对话框（图 2-84），在插入时添加题注列表框中勾选"Microsoft Word 图片"复选框，然后选择使用标签为"图"，设置完成，单击"确定"后返回 Word 编辑窗口。凡文档插入图片时，Word 就会自动为它们添加编号（图 2-85）。

步骤 3：测试题注功能

（1）首先把插入的第 1 张图片删去，然后再把它插入进来，Word 自动在它下方添加题注"图 1-1"。

（2）接下来把光标定位到第 2 张图片的插入位置，插入第 2 张图片，也可以看到 Word 自动在它下方添加了题注"图 1-2"。

（3）把其余图片都插入文档中，感受 Word 自动功能带来的效率。

任务 4　使用 Word 的"交叉引用"功能

有时希望插图编号与正文中的引用说明相互对应，比如图片编号"图 1-1"自动出现在正文中，其他图片依次类推。如果编辑过程中删除某幅插图及其引用说明，其他插图将自动更新编号和引用说明。这样的需求可用 Word 的"交叉引用"功能实现，引用说明文字和图片相互对应的关系称为"交叉引用"。

步骤 1：在正文中添加引用说明

（1）打开样例文件"交叉引用题注练习.doc"。

（2）在正文中需要添加图 1-1 引用说明的位置处输入"()"，然后将光标定位于括弧中，执行"插入|引用|交叉引用"命令，打开"交叉引用"对话框，在"引用类型"下拉列表内选择"图"，在"引用内容"下拉列表内选择"只有标签和编号"，然后在"引用哪一个题注"列表框内选中"图 1-1"，单击"确定"按钮后（图 2-86），完成图 1-1 的引用说明设置。

图 2-84　为图片自动插入题注

图 2-85　插入题注效果

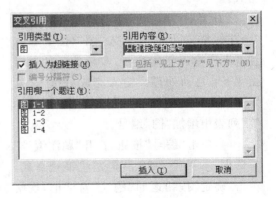

图 2-86　交叉引用题注

（3）插入光标定位于需要添加图 1-2 的引用说明的位置，然后继续在"交叉引用"对话框中，选中"引用哪一个题注"列表框内的"图 1-2"，单击"插入"按钮即可为图 1-2 添加引用说明。

（4）用同样的方法为其他插图在正文中添加引用说明。

步骤 2：测试"交叉引用"功能

（1）删除文档中间的某幅插图，包括它的题注以及引用说明。

（2）选中整个文档，按下键盘上的功能键 F9，Word 自动更新其后面的插图题注和引用说明中的序号。

🔍**说明**

Word 自动更新机制来源于概念"域"。读者可以把域理解为一种变量，它会根据实际情况的改变而变化。它有着广泛的应用，比如，常用的页码设置，以及后面练习中介绍的目录、索引等，它们的本质都是域。

任务 5　制作目录

完成长文档正文内容的编排工作后，通常需要制作目录。

所谓"目录"，就是文档中各级标题的列表。目录的作用在于，使阅读者可以快速地检阅或定位到感兴趣的内容，同时比较容易了解文章的纲目结构。

通过 Word 的"目录和索引"功能可自动生成目录和索引。

步骤 1：打开"制作目录练习.doc"文档

🔍**说明**

使用 Word 2003 为文档创建目录，最好的方法是根据标题样式。具体地说，就是先为文档的各级标题指定恰当的标题样式，然后 Word 就会识别相应的标题样式，从而完成目录的制作。

步骤 2：准备工作

（1）将插入光标定位在"目录"行首，按 Ctrl＋Enter 键，插入一个分页符。

（2）将插入光标定位在"目录"行尾，按 Enter 键，生成新的一个段落。

步骤 3：执行"插入|引用|索引和目录"命令，打开"索引和目录"对话框，选择"目录"选项卡（图 2-87）。

步骤 4：创建目录

（1）单击"格式"框的下拉箭头，

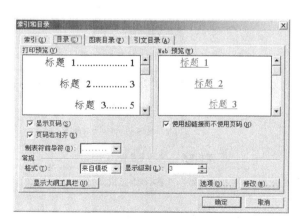

图 2-87　"目录"选项卡

在弹出的下拉列表中选择 Word 预设置的若干种目录格式,比如"正式"(图 2-88),读者可通过预览区查看相关格式的生成效果。

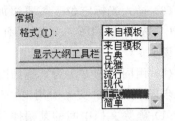

图 2-88　选择"正式"目录

(2) 单击"显示级别"框的选择按钮,设置生成目录的标题级数,Word 默认使用 3 级标题生成目录(图 2-89),读者可通过调整右侧的微调按钮设置,这里选择默认级别 3。

(3) 单击"制表前导符"框的下拉箭头,在弹出的列表中选择一种选项,设置目录内容与页号之间的连接符号格式,这里默认的格式为点线(参见图 2-89)。

图 2-89　设置生成目录的标题级数

(4) 完成与目录格式相关的选项设置之后,单击"确定"按钮,Word 即可自动生成目录(图 2-90)。

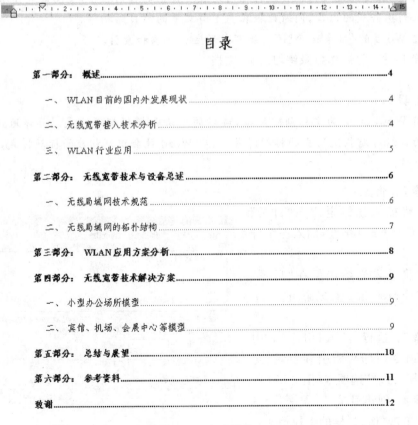

图 2-90　生成目录

🔍**说明**

目录生成后,读者可根据排版要求,重新打开"索引和目录"对话框进行更改。

如果当目录制作完成后又对文档进行了修改,不管是修改了标题或正文内容,为了保证目录的绝对正确,请对目录进行更新。操作方法为:将鼠标移至目录区域单击右键,在弹出的快捷菜单中选择"更新域"命令,打开"更新目录"对话框,选择"更新整个目录"单选项,单击"确定"按钮更新目录(图 2-91)。

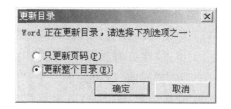

图 2-91　更新整个目录

任务 6　设置不同的页眉与页脚

在实际的工作学习中,长文档的具体实例是一本完整的书,有封面、序言、目录、正文、附录、参考文献、索引,以及页眉、页脚、注释、图表、公式等。这就涉及到 Word 一个重要概念:分节。

分节就是把一篇文档分成几个相对独立的部分,分别设置各自不同的格式。

分节的作用:

(1) 分别编排封面、序言、目录、正文的页码。封面不显示页码;序言和目录用罗马数字编码;正文从第 1 页开始。

(2) 显示不同的页眉页脚,奇数页显示章的名称,偶数页显示文档的名称。

(3) 注释按页下、章后、全篇编码,可以连续也可以分别编码等。

本任务介绍如何利用分节符设置不同的页眉页脚。

步骤 1:打开样例文件"不同页眉页脚设置练习.doc"

步骤 2:根据需要分节

(1) 实现首页与其他部分分离:将插入光标定位在"摘要"行首,执行"插入|分隔符"命令,打开"分隔符"对话框(图 2-92),选中"下一页"单选项,单击"确定"按钮,"摘要"移至下一页。

图 2-92　插入分节符

(2) 实现正文与其他部分分离:将插入光标定位在"概述"标题前,重复上述操作,插入分节符,"概述"移至下一页。

步骤 3:设置首页的页眉和页脚

(1) 进入页眉和页脚的编辑视图。

(2) 通过单击"页眉和页脚"工具栏上的"显示前一项"按钮 🔳,进入首页页眉和页脚的编辑环境。

(3) 删除页眉线:选中首页页眉上的段落标记符,执行"格式|边框和底纹"命令,在"边框"选项卡设置选项区中选中"无",单击"确定"按钮,返回首页页眉和页脚的编辑环境。

步骤 4:设置摘要和目录部分的页眉和页脚

(1) 单击"显示下一项"按钮,进入摘要和目录部分的编辑环境。

(2) 单击"在页眉和页脚间切换"按钮,进入页脚的编辑状态。

(3) 单击"同前(链接到前一个)"按钮,取消选中状态,同时取消页脚右上角"与上一节相同"信息。

(4) 按下 Tab 键 1 次,将插入光标定位在页面底部中间,单击按钮,插入页码。

步骤 5:设置摘要和目录部分的页码用罗马数字编码

单击"页码格式"按钮,打开"页码格式"对话框(图 2-93),选中"起始页码"单选项,并输入"1",从"数字格式"列表中选择罗马数字,单击"确定"按钮返回页眉页脚编辑视图。

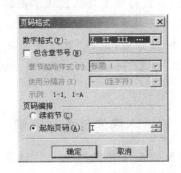

图 2-93　设置页码为罗马数字格式

步骤 6:设置正文部分的页眉和页脚

(1) 单击"显示下一项"按钮,进入正文部分的编辑环境。

(2) 分别取消页眉区和页脚区的"同前"按钮的选中状态。

(3) 执行"文件|页面设置"命令,打开"页面设置"对话框,选中"版式"选项卡上的"奇偶页不同"复选框(图 2-94),单击"确定"按钮,返回编辑环境。

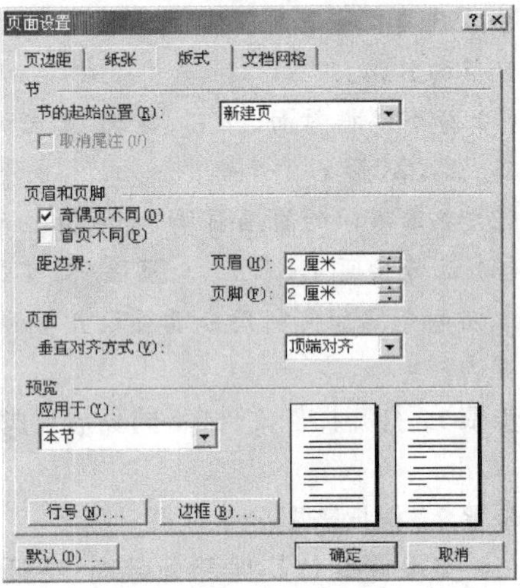

图 2-94　选中"奇偶页不同"复选框

(4) 单击"显示前一项"按钮或"显示下一项"按钮,找到第 3 节的"奇数页页眉"编辑区域,按下 Tab 键 2 次,将插入光标定位在页眉区右侧,输入论文标题"无线局域网的应用与发展",右对齐(图 2-95)。

图 2-95　输入奇数页页眉

（5）切换到页脚区，按下 Tab 键 2 次，插入页码，右对齐，且设置正文部分起始页码为1（图 2-96）。

图 2-96　输入奇数页页脚

（6）用同样的方法完成偶数页页眉和页脚的制作（图 2-97）。

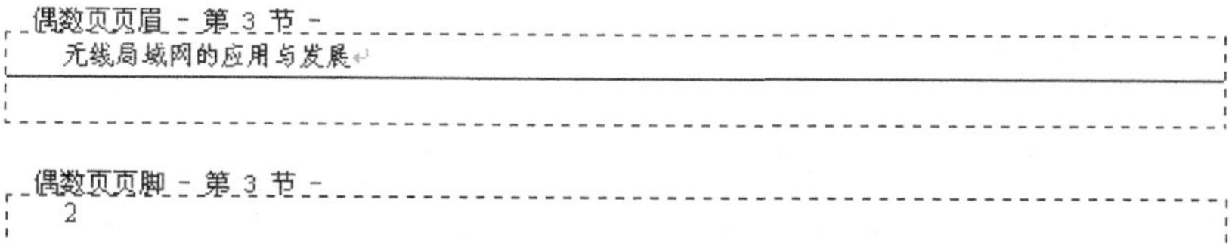

图 2-97　偶数页页眉和页脚

（7）通过"打印预览"命令观察页眉和页脚的内容。

小结

通过以上练习，总结长文档的编辑要点如下：

（1）良好的结构化开端是高效率编辑的保证。

（2）页面设置是基础。页面设置不好，除了打印出的文档页面不美观外，还会造成图文混排的长文档中图像位置不能固定，即编辑完成后，下次再打开时，图像不在原位置。

（3）应用样式是关键，而且只有应用标题样式的文档才能"自动生成目录"。

（4）分节是技巧，文档中各部分的页眉、页脚（页码），以及页面设置可能是不同的，因此，需要使用分节符将长文档分成若干节（部分），以便分节设置。

第3章

电子报表处理

入门实验 创建工作表

实验目的：学习 Excel 电子表格的基本制作过程，掌握表格制作的基本方法，学会使用简单公式计算，学会工作表的基本操作——工作表的插入、删除、重命名、保存等。最终完成图 3-1 所示的"第一季度个人财政预算"电子表格。

实验要求：首先按照要求完成数据输入，进行简单的运算，练习工作表的基本操作（重命名、删除等），对已建立的工作表进行适当修饰（效果参见图 3-1），最后进行文件保存。

图 3-1 "第一季度个人财政预算"电子表格

任务1 输入数据

步骤 1：启动 Excel 2003，进入其工作窗口（图 3-2）。

图 3-2 Excel 2003 工作窗口

说明

Excel 2003 工作窗口主要由 Excel 应用程序窗口和 Excel 工作簿窗口两大部分组成。由按行和列排列的单元格组成的工作表格是真正工作的场所，用以输入数据和编辑表格。

步骤 2：表格标题的输入

（1）鼠标单击 A1 单元格，选中 A1 单元格。

（2）通过按下 Ctrl+Shift 组合键命令，切换到一种常用的中文输入法，比如"智能 ABC 输入法" 。

（3）输入表格标题"第一季度个人财政预算"，注意观察此时的编辑栏，参见图 3-3。

图 3-3 输入表格标题

🔍**说明**

编辑栏上多出的三个工具按钮：

① "取消"按钮✖。

② "确认"按钮✔。

③ "公式输入"按钮ƒₓ。

（4）按下 Enter 键，或用鼠标单击"确认"按钮✔，中文"第一季度个人财政预算"即输入到 A1 单元格中。

步骤 3：原始数据的输入

仿照步骤 2，完成余下的文字和数字的输入，参见图 3-4。

（1）A2 单元格中输入"（食品开销除外）"。

（2）C4 单元格中输入"每月净收入"。

（3）E4 单元格输入数值"1475"。

🔍**说明**

Excel 中文本内容对齐方式的默认设置为左对齐，数值数据内容对齐方式的默认设置为右对齐。

（4）在 B7 至 B13 区域中，仿照图 3-4 示例完成各项开支名称的输入。

（5）在 C7 至 E13 区域中，仿照图 3-4 示例完成具体数据的输入。

（6）F6 单元格输入"季度总和"，B15 单元格中输入"每月支出"，B17 单元格输入"节余"。

步骤 4：自动"填充"有规律的数据

（1）在 C6 单元格中输入"一月"。

（2）将鼠标指向该单元格的右下角填充柄处，鼠标形状变为黑色实心"瘦"加号"＋"。

（3）按住鼠标左键并拖动鼠标至 E6 单元格，释放鼠标，Excel 便会自动输入"二月"和"三月"，参见图 3-5。

图 3-4 输入原始数据

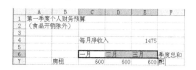

图 3-5 自动填充数据

🔍**说明**

数据的"规律"体现在两个方面：

① 数据内容的规律。

② 数据存放位置的相邻性。

只有满足了这两点才能借助"瘦"加号"＋"的拖动实现数据的自动填充。

步骤 5：利用绘图工具"输入"特殊内容

（1）选取"绘图"工具栏中"箭头"工具 ↖。

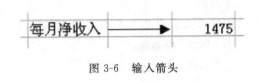

图 3-6　输入箭头

（2）把鼠标指向 D4 单元格,同时按住 Shift 键,拖动鼠标,在 D4 单元格中绘制一条带箭头的指示线,参见图 3-6。

🔍**说明**

可根据实际情况在工作表中的不同单元格中输入不同类型的数据,比如普通文本的表格标题或表中的数值数据等,这些信息被称为常量信息,除非重新输入或人为修改这些信息,否则,它们不会发生变化。

任务 2　使用公式进行计算

步骤 1：计算房租的季度总支出

单击 F7 单元格,输入公式"=600+600+600",按下 Enter 键或单击"确定"按钮 ✔,公式结果值 1800 出现在 F7 单元格中(图 3-7)。

步骤 2：观察等式的工作特点

（1）单击 C7 单元格,重新输入一月房租的数值"675",C7 单元格中的数据便从原来的 600 更改为 675。

（2）观察此时的 F7 单元格中的结果值,发现 F4 的值并未发生变化,仍是 1800(图 3-8)。

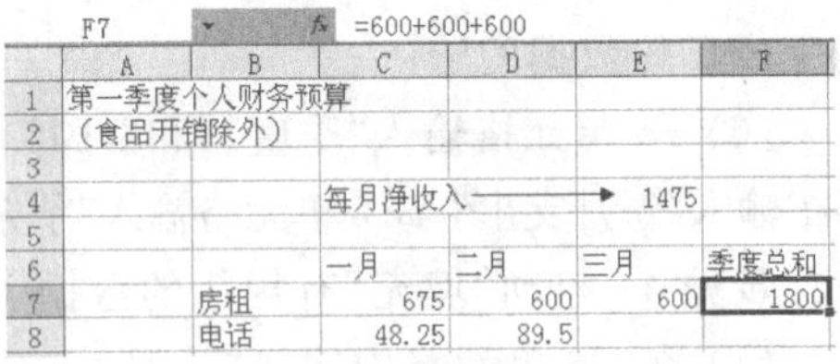

步骤 3：删除单元格中的公式

（1）用鼠标选中 F7 单元格。

（2）单击鼠标右键,在弹出的快捷菜单中选择"清除内容",删除 F7 单元格中的公式。

步骤 4：比较公式的工作特点

重新输入 F7 单元格中的公式,采用另一种形式"=C7+D7+E7",该算式的结果值为 1875,如图 3-9 所示。

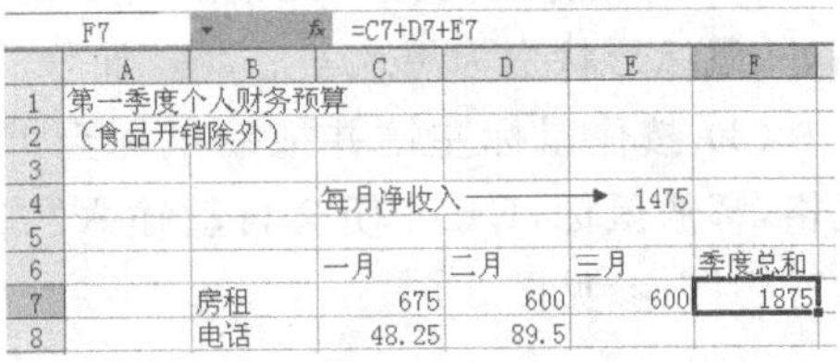

步骤 5：观察公式自动重算特点

将"一月"的房租重新修改为 600,此时 F7 单元格中的结果值就会通过公式的自动重算功能,给出最新变化的结果值 1800,参见图 3-10。

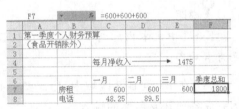

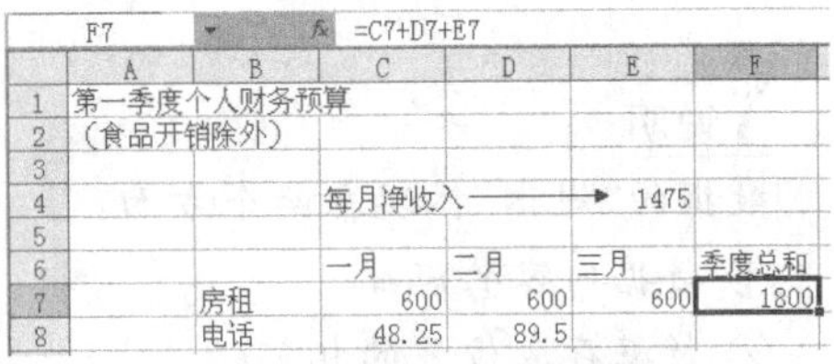

图 3-7　计算总和

图 3-8　更改 C4 内容

图 3-9　重新输入 F4 中的公式

图 3-10　自动计算结果

步骤 6：使用函数创建公式

（1）选中 F7 单元格，按下键盘上的 Delete 键，直接删除单元格中的内容。

（2）单击"常用"工具栏上的"自动求和"按钮 Σ，Excel 将自动为 F7 单元格创建求和公式"＝SUM（C7：E7）"，参见图 3-11，虚线框为 Excel 自动识别的数据范围，产生公式的单元格下方出现公式使用提示。

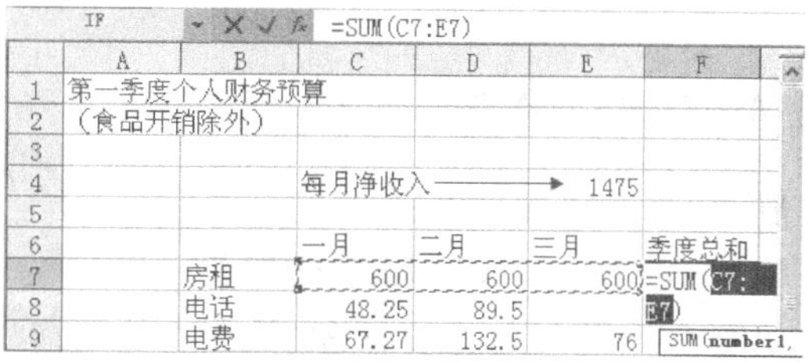

图 3-11　自动求和

（3）按下 Enter 键或单击"确定"按钮 ✔，完成求和公式的创建。

（4）使用"自动求和"按钮 Σ 完成其他项目的求和公式。

（5）使用"自动求和"按钮 Σ 完成每月支出总和的计算。

思考

"＝SUM（C7：E7）"与"＝C7＋D7＋E7"这两个等式所实现的功能是否相同？

说明

公式是利用单元格的地址对存放在其中的数值数据进行计算的等式。算式"＝600＋600＋600"和"＝C7＋D7＋E7"的本质区别在于：前者是具体的数值参与运算，后者则是由这些数值的具体存放单元格参与运算，所以一旦修改某一单元格中的数值，公式中对应的单元格所代表的具体值也就发生变化，算式中的等号"＝"自动实现重算，以保持等式运算结果的正确性。

任务 3　工作表的基本操作

步骤 1：重命名工作表

（1）用鼠标右键单击工作表标签 Sheet1，从弹出的快捷菜单中选择"重命名"命令，参见图 3-12。

（2）此时，工作表默认名"Sheet1"被选中，直接输入"个人收支情况表"。

图 3-12　选择"重命名"命令

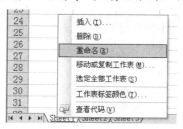

图 3-13　重命名结果

（3）按下 Enter 键，完成重新命名操作，"个人收支情况表"成为当前工作表的标签名称，参见图 3-13。

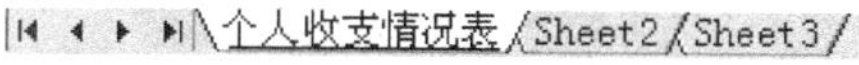

步骤 2：删除工作表

（1）用鼠标右键单击工作表标签 Sheet2，从弹出的快捷菜单中选择"删除"命令，即可将 Sheet2 工作表删除，参见图 3-14。

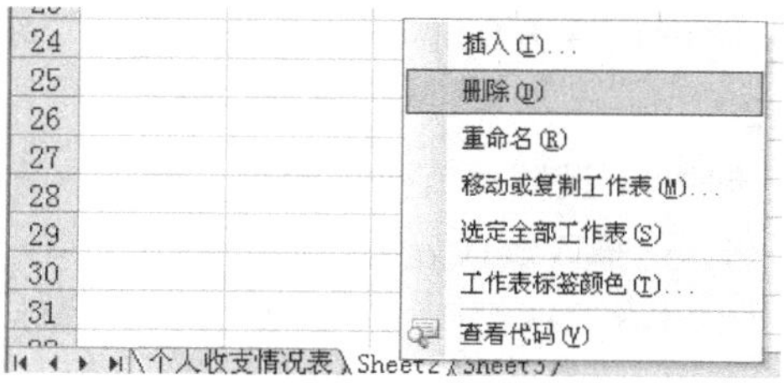

图 3-14　删除选中工作表

（2）用同样的方法将 sheet3 工作表删除，最终仅保留"个人收支情况表"工作表，参见图 3-15。

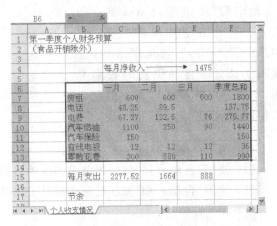

图 3-15　删除空工作表后的结果

任务 4　编辑工作表

步骤 1：选取相邻的区域

单击 B6 单元格，按住鼠标左键并拖动至 F13 单元格。释放鼠标，屏幕上出现一片被选中的相邻区域（B6：F13），参见图 3-16。

步骤 2：选取不相邻的区域

选取区域（B6：F13）后，再按住 Ctrl 键，拖动鼠标选取区域（B15：F15），这两块不相邻的区域同时被选中（图 3-17）。

步骤 3：修饰文本内容

（1）对于一般的简单修饰，可以直接通过"格式"工具栏上的快捷工具按钮或列表框进行快速修饰。

（2）选取表格列标题（C6：E6）区域，将标题文字设置为（图 3-18）：

① "幼圆"字体 幼圆 ▼；

② 大小"12 磅字"12 ▼；

③ 斜体字形 *I*；

④ 右对齐方式 ≣。

（3）选择表格标题（A1：F1）区域，单击"合并及居中"按钮 ■，使标题内容在此区域居中（图 3-19）。

（4）同上述操作，在（A2：F2）区域中合并居中表格副标题（图 3-20）。

（5）选取工作表的其他文本内容部分，将字体设为"幼圆"，字体大小选择"12"。

步骤 4：设置数值数据的格式

（1）选择区域（C7：F13）。

（2）执行"格式|单元格"命令，打开"单元格格式"对话框，选中"数字"选项卡标签。

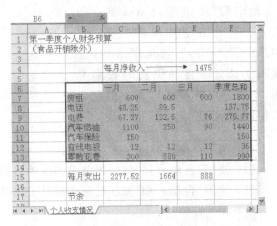

图 3-16　选中连续区域

图 3-17　选中不连续区域

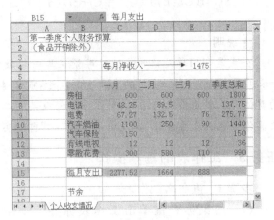

图 3-18　修饰行标题

图 3-19　修饰表格标题

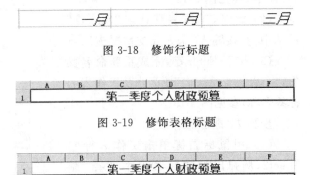

图 3-20　修饰副标题

（3）单击"分类"列表中的"数值"选项，对话框右侧显示"数值"类型中可使用的格式及示例，设置该数据格式为保留两位有效数字，参见图 3-21。

图 3-21　"单元格格式"对话框

（4）单击"确定"按钮，观察工作表格中被选中的数据区域均被设置为保留两位有效数字的数据格式，参见图 3-22。

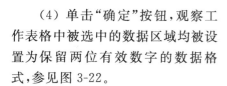

图 3-22　保留两位有效数字的数据

（5）配合 Ctrl 键，同时选中C15：E15 和 E7：E13 区域。

（6）单击"格式"工具栏上的"货币样式"按钮，使选中数值采用货币样式，参见图 3-23。

图 3-23　数据格式为"货币样式"

步骤 5：单击"保存"按钮，执行保存操作

 说明

一个 Excel 文件就是一个工作簿。一个工作簿可以由多张工作表组成，新建一个 Excel 文件时默认包含 3 张工作表（Sheet1、Sheet2、Sheet3）。工作表由单元格组成。工作表内可以包括字符串、数字、公式、图表等丰富信息。

提高实验一　图表的应用

实验目的：用图表描述电子表格中的数据是 Excel 的主要功能之一。Excel 能够将电子表格中的数据转换成各种类型的统计图表。本实验主要介绍 Excel 对于图表的编辑功能。

在这个练习中，以两个工作表单为依据，介绍常用的三种图表——柱形图、饼图、折线图的使用场合、制作方法和修饰。

任务 1　创建电子表格

任务说明：在 D1 单元格中输入表格标题"华天大学本科毕业生分配表"，在 B2：K8 区域输入相应表头文字和原始数据。修改工作表单名称为"分配表"，"分配表"显示了某大学 10 年来本科毕业生分配流向。

步骤 1：参照图 3-24 创建电子表格，并以文件名"图表.xls"保存。

	A	B	C	D	E	F	G	H	I	J	K
1				华天大学本科毕业生分配表							
2			毕业生总数	国有企业	外资企业	合资企业	乡镇企业	私人企业	出国留学	国内深造	其他
3		1990年	1998	1012	90	156	134	233	45	220	108
4		1992年	2601	1055	106	200	143	451	67	321	258
5		1994年	4392	977	241	1233	155	985	139	403	259
6		1996年	7217	732	766	1993	76	1499	257	528	1366
7		1998年	8922	543	1422	2025	21	1865	389	987	1670
8		2000年	12003	509	2085	2156	10	2091	511	2351	2290

图 3-24　输入原始数据

步骤 2：修饰电子表格

参见图 3-25 修饰电子表格。

	A	B	C	D	E	F	G	H	I	J	K
1				**华天大学本科毕业生分配表**							
2			毕业生总数	国有企业	外资企业	合资企业	乡镇企业	私人企业	出国留学	国内深造	其他
3		1990年	1998	1012	90	156	134	233	45	220	108
4		1992年	2601	1055	106	200	143	451	67	321	258
5		1994年	4392	977	241	1233	155	985	139	403	259
6		1996年	7217	732	766	1993	76	1499	257	528	1366
7		1998年	8922	543	1422	2025	21	1865	389	987	1670
8		2000年	12003	509	2085	2156	10	2091	511	2351	2290

图 3-25　为表添加边框和底纹

（1）工作表标题修饰

① 格式："楷体"、粗体、"24 磅"字；

② 对齐：在（D1：I1）区域跨列居中。

（2）正文内容修饰

① 格式："宋体"、"12 号"字，行标题（B3：B8）和列标题（C2：K2）设为深蓝色"粗体"；

② 对齐:居中;

③ 边框和底纹:内容区(B2:K8)添加内外边框和淡紫色的底纹。

任务 2　应用柱形图

任务说明:单纯通过数字很难形象地看出分配趋势的变化,通过创建"柱形图"图表能够直观地反映毕业分配的趋势。

步骤 1:创建柱形图

(1) 选择用以绘制"柱形图"的数据:国有企业、外资企业、合资企业、出国留学和国内深造等 5 项数据(B2:B8、D2:F8 及 I2:J8)。

(2) 生成柱形图表:按下功能键 F11,所创建的图表独立出现在一个新的图表工作表中,如图 3-26 所示。

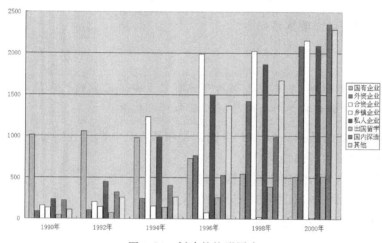

图 3-26　创建的柱形图表

说明

柱形图用来显示一段时期内数据的变化或者描述各项之间的比较,能有效地显示随时间变化的数量关系。柱形图从左到右的顺序表示时间的变化,柱形的高度表示每个时期内的数值。

(3) 调整柱形图表位置:鼠标右键单击图表,从弹出的快捷菜单中选择"位置"命令,打开"图表位置"对话框(图 3-27)。选中单选按钮"作为其中的对象插入"到"分配表"工作表,单击"确定"按钮,嵌入的图表四周出现 8 个黑色的小方块,将鼠标指针指向图表(小方块除外),按住鼠标左键拖动,可调整图表整体的位置,将图表放置在(B10:K21)区域位置处(图3-28)。

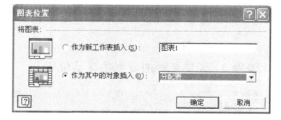

图 3-27　将所创建的图表与数据表

放置在同一张工作表中

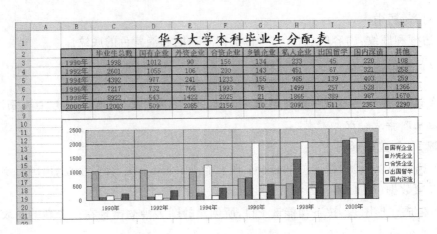

图 3-28　调整图表到合适的位置

步骤 2：向图表添加数据系列

🔍**说明**

通过图表的图例信息(参见图 3-26),可观察到步骤 1 完成的图表缺少乡镇企业和私人企业两项数据,步骤 2 将把所缺的数据项添加到图表中。

(1) 选取要添加的数据 G2：H8(乡镇企业和私人企业两项数据)。

(2) 向图表中添加所选数据系列。

① 执行"复制"操作,复制所选数据系列。

② 选中图表(图表四周出现 8 个黑色的小方块)。

③ 执行"粘贴"操作,所选数据系列添到图表中,参见图 3-29。

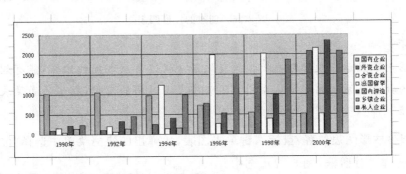

图 3-29　添加新数据后的图表

(3) 保存文件。

步骤 3：调整新添加数据的显示位置

🔍**说明**

图表中数据序列的顺序与工作表单中对应数据的顺序相一致看起来会比较方便,但新添加的数据序列一般会放在最后,需要进行位置上的调整。观察步骤 2 添加新数据后的图表,可以发现新添加的数据系列排列在其他数据项的后面,通过数据序列在图表中显示位置的调整,使它与工作表单的排列顺序相一致。

(1)选取数据系列:单击图表中"乡镇企业"数据系列中任一数据标记,选中该数据系列。被选中的数据标记均被加上一个"黑色小方块",表明已被选中标记,参见图 3-30。

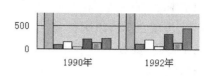

图 3-30   选中的数据系列被标记"黑色小方块"

(2)调整"乡镇企业"序列到合适的位置。

① 选择"格式|数据系列"命令,打开"数据系列格式"对话框的"系列次序"选项卡。

② 在"系列次序"列表框中,选中"乡镇企业"项(图 3-31),单击"上移"按钮,每单击一次,数据项上移一层,最终使之移到"合资企业"数据项的下方。

(3)参照上述方法,调整"私人企业"数据序列至"乡镇企业"项的后面。

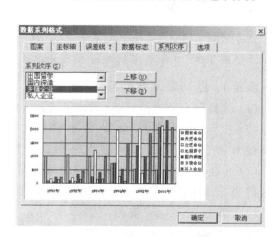

图 3-31   "数据系列格式"对话框

(4)保存文件。

步骤 4:改变图例的位置并为图表加上标题

🔍**说明**

图表中所有的元素都可以进行调整(位置的改变、大小的改变),调整图表的元素以达到最佳的视觉效果。

(1)调整图例的显示位置:鼠标右键单击图表中的图例,从弹出的快捷菜单中选择"图例格式"命令,打开"图例格式"对话框中的"位置"选项卡,选择"底部"单选按钮,确定操作后,图例位置改变到图表正下方,如图 3-32 所示。

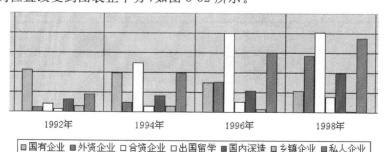

图 3-32   图例位置改变到图表正下方

(2) 添加图表标题。

① 鼠标右键单击图表,从弹出的快捷菜单中选择"图表选项"命令,打开"图表选项"对话框中的"标题"选项卡,在"图表标题"文本框中输入"毕业生分配柱形图",确定操作后,新增标题出现在图表顶部位置。

② 选中标题,设置字体"宋体",大小"12 磅",拖动标题到适当位置。

(3) 保存文件。

任务 3　应用饼图

任务说明:通过 10 年中的第一年(1990 年)和最后一年(2000 年)数据的"饼图"对比可以清楚地了解 10 年来本科毕业生在分配选择上最大的改变所在。

步骤 1:将 1990 年数据系列制成饼图

(1) 选择图表数据源(D2:K3)区域。

(2) 执行"插入|图表"命令,打开"图表向导"4 个对话框中的第 1 个对话框。选择图表类型为"饼图",子图表类型选择"三维饼图"。

(3) 单击"下一步"按钮,观察图表源数据,此时,在步骤 1 所选择的数据区域已被直接映射到"图表向导"第 2 个对话框的"数据区域"编辑框中,见图 3-33。

(4) 单击"下一步"按钮,在"标题"选项卡中输入"饼图"标题:"1990年毕业生分配比例图";在"数据标志"选项卡中选择数据标签为"百分比"。

图 3-33　"数据区域"编辑框

(5) 单击"下一步"按钮,将"饼图"放入新的工作表。

步骤 2:编辑和修饰"饼图"

(1) 设置"饼图"标题:"隶书"、"20 磅"字,并拖动标题到合适的位置。

(2) 为图表区加上"水蓝"色底纹:鼠标右键单击饼图,在快捷菜单中选择"图表区格式"命令,在"图表区格式"对话框的"图案"选项卡中选择"水蓝"色,效果参见图 3-34。

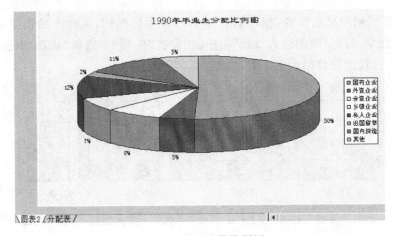

图 3-34　编辑和修饰饼图

步骤 3：将 2000 年数据系列制成饼图

选择"分配表"的数据区域(D2：K2)和(D8：K8)，制作 2000 年毕业生分配比例图(图 3-37)。标题为"2000 年毕业生分配比例图"，标题为"隶书"、"20 号"字。为该图表加上"水蓝"色底纹，最终效果见图 3-35。

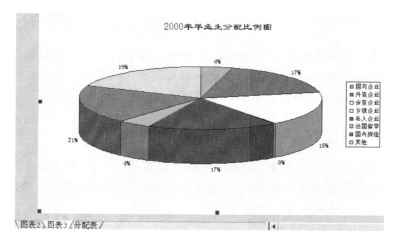

图 3-35　2000 年毕业生分配比例图

步骤 4：将图表复制到"分配表"工作表中

(1) 把"图表 2"中的饼图"复制"到"分配表"工作表中(B22：F35)区域。

(2) 把"图表 3"中的饼图复制到"分配表"工作表中(G22：K35)区域。

步骤 5：切割饼图

(1) 单击"1990 年毕业生分配比例图"饼图，选中整个饼图，再次单击"国有企业"数据标记的扇形图，选中该扇形图(四周出现 6 个小方块)。

(2) 按住鼠标左键并向外拖动，观察该扇形图从饼图中分离出来，参见图 3-36。

(3) 同样方法，将"2000 年毕业生分配比例图"饼图中的"国有企业"数据标记的扇形图，切割出来，参见图 3-37。

步骤 6：添加图形对象

(1) 单击"绘图"工具栏的"自选图形"按钮，从中选取"圆角矩形"工具。

(2) 在区域(F39：G39)绘制圆角矩形，可通过四周句柄调整图形的大小，拖动黄色菱形句柄调整矩形的圆角曲度。

(3) 在圆角矩形对象上，单击鼠标右键，选取"添加文字"快捷菜单命令，然后在其中输入文字内容"国有企业分配比例减少 46％"。

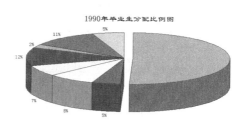

图 3-36　扇形图从饼图中分离

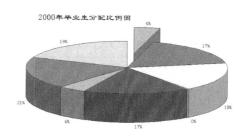

图 3-37　切割另一扇形图

（4）使用"填充颜色"按钮为圆角矩形填充黄色背景，使用"箭头"工具绘制箭头，从圆角矩形指向"国有企业"扇形图，用"线形"按钮使所画箭头线形加粗（如：1.5磅的实心线），效果见图3-38。

步骤7：保存文件

图3-38　添加图形对象

小结

饼图是将某个数据系列视为一个整体，其中每一项数据标记用扇形图表示该数值占整个系列数值总和的比例，直观地显示出整体与局部的比例关系。它一般只显示一个数据系列，在需要突出某个重要数据项时十分有用。

任务4　应用折线图

任务分析：图3-39是一个温度控制仪表的检定实验结果，任务4将在此实验数据基础上完成。由于所学专业的不同，读者不必关心如何得到此实验数据，只需使用最后计算得出的不同温度的检定值误差δ，画出折线图。

步骤1：获得折线图的原始数据

（1）打开"实验数据.xls"文件，此工作簿只有一个工作表单，选中（A1：L32）区域（包括两个表格，如图3-39所示），执行"复制"操作。

电子电位差计的检定实验

检定点		指示值误差测定（E实）								指示值误差（E指）	
E标mv		上行（正向）三次				下行（反向）三次				Δ指	δ
℃	(mv)	1	2	3	平均	1	2	3	平均	*100%	*100%
100℃	4.10	3.375	3.289	3.319	3.328	3.288	3.307	3.311	3.302	0.0571	-0.2134
200℃	8.13	7.376	7.322	7.313	7.337	7.289	7.307	7.288	7.295	0.0941	-0.7987
300℃	12.21	11.369	11.418	11.467	11.418	11.423	11.412	11.381	11.405	0.0282	-1.5953
400℃	16.40	15.519	15.556	15.598	15.558	15.624	15.572	15.562	15.586	0.0630	-2.3659
500℃	20.65	19.748	19.744	19.768	19.753	19.743	19.750	19.810	19.768	0.0319	-3.1883
600℃	24.90	23.972	23.944	23.957	23.958	23.949	23.929	23.992	23.957	0.0022	-3.9515
700℃	29.13	28.202	28.222	28.157	28.194	28.189	28.192	28.185	28.189	0.0111	-4.8407
800℃	33.29	32.408	32.305	32.333	32.349	32.279	32.337	32.303	32.306	0.0941	-5.8261
900℃	37.33	36.408	36.339	36.354	36.367	36.322	36.377	36.344	36.348	0.0430	-6.6597
1000℃	41.25	44.259	40.258	40.253	40.257	40.244	40.262	40.265	40.257	0.0037	-7.4748
1100℃	45.10	44.107	44.101	44.125	44.111	44.111	44.108	44.083	44.101	0.0230	-8.4195

动圈毫伏表及数字显示调节仪的检定

检定点		指示值误差测定（E实）								指示值误差（E指）	
E标mv		上行（正向）三次				下行（反向）三次				Δ指	δ
℃	(mv)	1	2	3	平均	1	2	3	平均	*100%	*100%
100℃	4.10	3.770	3.650	3.460	3.627	3.600	3.510	3.400	3.503	0.2742	1.3263
200℃	8.13	8.000	7.910	7.750	7.887	7.910	7.840	7.740	7.830	0.1260	0.6669
300℃	12.21	12.350	12.340	12.270	12.320	12.310	12.300	12.210	12.273	0.1037	-0.1408
400℃	16.40	16.950	16.990	16.660	16.867	16.870	16.860	16.670	16.800	0.1482	-0.8391
500℃	20.65	21.540	21.550	21.360	21.483	21.540	21.410	21.320	21.423	0.1334	-1.7190
600℃	24.90	26.060	26.130	25.950	26.047	26.100	26.040	26.000	26.047	0.0000	-2.5489
700℃	29.13	30.640	30.720	30.660	30.673	30.740	30.710	30.590	30.680	0.0148	-3.4454
800℃	33.29	35.210	35.360	35.270	35.280	35.260	35.340	35.240	35.280	0.0000	-4.4235
900℃	37.33	39.600	39.750	39.700	39.683	39.740	39.710	39.707	39.707	0.0519	-5.2830
1000℃	41.27	43.900	44.050	44.050	44.000	43.970	44.020	44.020	44.003	0.0074	-6.0758
1100℃	45.10	48.170	48.260	48.300	48.243	48.250	48.290	48.270	48.270	0.0593	-7.0465

图3-39　实验数据表

（2）通过任务栏切换到另一个编辑的工作簿"图表.xls"中,新建工作表"实验报告",参见图 3-40。

\图表2／图表3／分配表\实验报告／

图 3-40　新建工作表"实验报告"

（3）单击 A1 单元格,执行"粘贴"操作,完成原始数据的复制操作。

步骤 2:选择绘图所需数据(A6:A16)和(L6:L16),参见图 3-41。

100℃	-0.2134
200℃	-0.7987
300℃	-1.5953
400℃	-2.3659
500℃	-3.1883
600℃	-3.9515
700℃	-4.8407
800℃	-5.8261
900℃	-6.6597
1000℃	-7.4748
1100℃	-8.4195

图 3-41　选择绘图数据

步骤 3:绘制折线图,在依次弹出的 4 个"图表向导"对话框中,分别进行以下选择,完成折线图的创建(如图 3-42 所示)。

① 图表类型:折线图、子图表类型:数据点折线图;

② 系列产生在"列";

③ 图表标题为"测定值误差";

④ 图表位置为"作为其中的对象插入"。

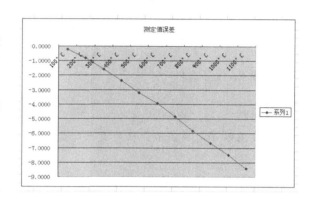

图 3-42　创建折线图

步骤 4:图表的修饰

（1）修饰图表标题:"隶书"、"20 磅"字。

（2）去掉"数值轴"的小数位数:鼠标右键单击数值轴,选择"坐标轴格式"命令,将"数字"选项卡中的"小数位数"选项修改为"0"。

（3）设置"绘图区"的填充效果:选中绘图区,单击"填充颜色"按钮右侧的下拉箭头按钮,打开色彩选择表,从中选择"填充效果",在打开的"填充效果"对话框的"渐变"选项卡中选择颜色和效果(如:淡黄色、"单色"、"中心幅射"),参见图 3-43。

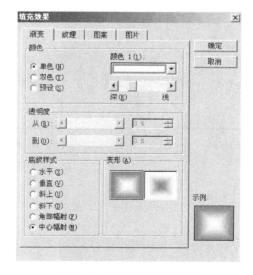

图 3-43　"填充效果"对话框

步骤 5：数据系列格式的改变

(1) 观察图 3-43 中的所有数据点被当作一个系列处理,采用一种颜色描述。

(2) 选中"数据系列",单击鼠标右键,选择"数据系列格式"快捷命令,在打开的对话框中选择"选项"选项卡,选择"依数据点分色"复选框,单击"确定"按钮,效果如图 3-44 所示,即采用不同的颜色代表不同的温度值,以便更清楚地描述不同温度之间的误差。

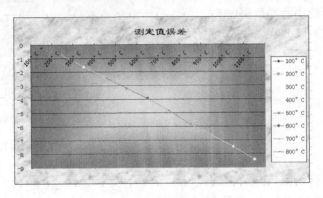

图 3-44　改变数据序列格式

步骤 6：保存文件

小结

折线图以等间隔显示数据的变化趋势,可用于显示随着时间变化的趋势。

提高实验二　公式与函数

实验目的：了解 Excel 利用公式进行更新数据、自动重算的特点，利用 Excel 自带的函数库，根据实际需要，创建不同用途的公式，打造不同用途的表格。

任务说明：本实验将用到一份"计算机文化基础成绩汇总"表，如图 3-45 所示。该表格体现了课程的考核要求，并根据各项考核指标，实现每一位同学成绩的自动计算。课程考核指标如下（总分 100 分）：

（1）三次作业（共计 80 分）。

① 两道必做题

文字处理软件 Word（满分 25）

网页制作（满分 35）

② 一道任选题作业（满分 20）

（2）两次平时测试：凡参加者，每次均记 5 分。

（3）讨论参与（满分 10）：按 0、5、10 三档计分。

任务分析：

（1）保证参与求和计算的作业成绩符合考核要求，即任选作业"Excel"、"PowerPoint"、"Flash"以及"Photoshop"只有一项记入成绩。

（2）对于提交多个任选作业的同学，首先将找出其中成绩最高的一次作业，反映在"任选作业"一栏中，并参加总成绩计算。

（3）防止"任选作业"一栏的成绩由人工输入。

（4）为醒目标识出某同学未交齐作业，需要将"Word"、"任选作业"以及"网页"三栏的背景色，在没有成绩时，以红色背景显示。

（5）"参与程度"一栏应根据上述评分标准，提供以 0、5、10 为三档的输入列表，供教师选择输入。

（6）为减少输入错误，为"Word"、"任选作业"以及"网页"的输入设置有效范围，比如，凡在"Word"一栏中，输入大于 25 或小于 0 的数值时，均视为无效作业成绩。

（7）最后总评成绩根据分数，自动设置三档计分：大于等于 85 分为"优秀"，60～84 分为"通过"，60 分以下的为"不通过"。

（8）根据"总评"数据，计算出该课程的"课程通过率"和"课程优秀率"。

任务 1　设置数据的有效范围

步骤 1：启动 Excel 2003，打开"table. xls"文件，参见图 3-45。

图 3-45　打开数据工作表

步骤 2：设置有效范围

(1) 选取设置对象(C4：C13)区域("Word"作业栏)。

(2) 选择"数据|有效性"命令，打开"数据有效性"对话框的"设置"选项卡，具体设置见图 3-46。

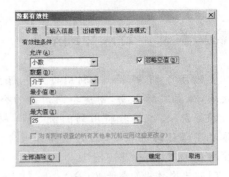

图 3-46 "设置"选项卡

(3) 打开"输入信息"选项卡，参照图 3-47 进行填写：在"标题"栏中输入"Word 作业成绩"；在"输入信息"框中输入"满分 25"。

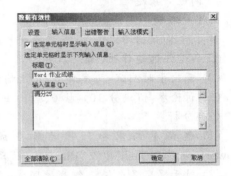

图 3-47 "输入信息"选项卡

(4) 观察以上操作效果发现：当选择"Word"成绩所在列相应单元格时(如：C4)，会出现所输入的提示信息，以引起输入者注意，参见图 3-48。

图 3-48 出现提示信息

步骤 3：设置输入错误的警告

(1) 选取设置对象(C4：C13)区域("Word"作业栏)。

(2) 选择"数据|有效性"命令，打开"出错警告"选项卡，具体设置见图 3-49。

① 出错提示采用"停止"样式，观察其下方的停止图标。

②"标题"项填写"无效"。

③"出错信息"项填写"数据错误"。

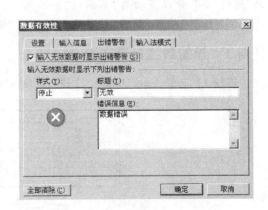

图 3-49 "出错警告"选项卡

（3）观察以上操作效果：当在
"Word"成绩列相应单元格中输入的
数据大于 25、或小于 0、或非数值数据
时，将出现所设置的出错警告，参见图
3-50。

图 3-50　出错警告

 练习

仿照上述操作完成其他区域数据有效范围的设置，其中：

（1）（D4：D13）区域（"任选作业"成绩），有效条件设为"介于 0～20"。提示信息为
"任选作业成绩满分 20"，出错提示"数据错误"。

（2）（I4：I13）区域（"网页"作业成绩），有效条件设为"介于 0～35"。提示信息为"网
页作业成绩满分 35"，出错提示"数据错误"。

（3）（J4：J13）区域（"平时讨论参与程度"成绩），有效条件设为"介于 0～10"。提示
信息为"平时讨论参与程度成绩满分 10"，出错提示"数据错误"。

步骤 4：在"平时测试"区域设置
"数据输入帮手"

（1）首先在 F15、G15、H15 三个
单元格中分别输入 0、5、10，这三个数
据是"平时测试"成绩来源所在，也可
以把它放在工作表的任何单元格中。

（2）选取"平时测试"区域（K4：
K13）。

（3）选择"数据|有效性"命令，打
开"设置"选项卡。

① 单击"允许"项右边的下拉箭
头按钮，在打开的列表中选择"序列"。

② 通过"来源"编辑框右侧选择
按钮 选择"序列"来源（F15：H15）
区域，参见图 3-51。

③ 打开"输入信息"选项卡，参见
图 3-52 填写提示信息。

（4）观察以上操作效果：当选择平
时测试区域（K4：K13）的单元格时，系
统将出现所设置的提示信息，参见图
3-53，同时在单元格的右下角出现下拉
按钮，通过下拉按钮可以在打开的序
列中选择 0,5,10，参见图 3-54。

图 3-51　"来源"编辑框

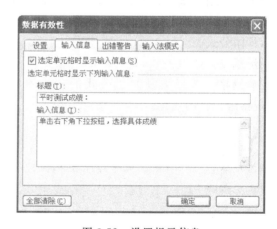

图 3-52　设置提示信息

图 3-53　出现提示信息

图 3-54　单元格中
出现下拉按钮

小结

利用数据输入帮手,有利于减少人工输入错误。但如果数据不固定通常不能使用。

任务2　使用函数创建公式

步骤1:创建公式

(1) 选中单元格 D4,单击"编辑栏"中的"编辑公式"按钮 **f×**,打开"插入函数"对话框,参见图3-55。

(2) 在"选择函数"列表框中,选取具体函数——求最大值函数"MAX",选定具体函数后,屏幕上弹出"函数参数"对话框,参见图3-56。

(3) 在"Number1"编辑框选定参加计算的一组数据(E4：H4)("任选作业"的成绩)。

(4) 单击"确定"按钮,关闭"函数参数"对话框,按下 Enter 键完成公式输入,观察上述操作的结果,参见图3-57,单元格 D4 中显示公式的运算结果,编辑栏中显示具体公式。

步骤2:复制公式,从 D4 单元格至 D13 单元格。选择被复制了公式的单元格,观察编辑栏的变化。

思考

为什么(D4：D13)区域中每个单元格中均出现数据0?

练习

参照以上步骤,在"分数"列(L4：L13区域)中创建求和公式,计算计算机文化基础课的几部分分数总和。

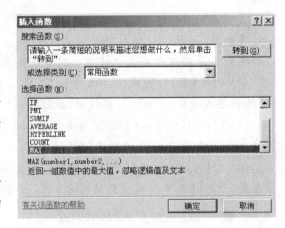

图3-55　"插入函数"对话框

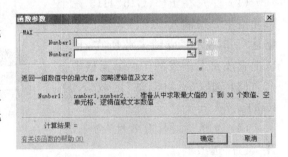

图3-56　公式选项板

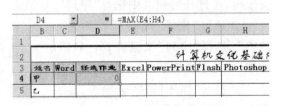

图3-57　运算结果

任务3　创建嵌套公式

任务说明:总评成绩是根据每一位同学的成绩决定的,所以计算公式中需要利用逻辑函数"IF"进行条件的判断:

分数在60分以下的为"不通过";

分数在 60～84 分之间的为"通过";

分数大于等于 85 分为"优秀"。

步骤 1：创建逻辑判断公式

（1）选择单元格 M4，单击"编辑公式"按钮 f_x，创建同学"甲"总评成绩的计算公式。

（2）在"插入函数"对话框的函数列表中选取具体函数"IF"，打开"函数参数"对话框。

（3）在"Logical_test"编辑框中输入判断条件："L4＞＝85"（L4 单元格存放学生"甲"的分数）。

（4）在"Value_if_true"编辑框中输入"优秀"，注意编辑栏的变化，参见图 3-58。

（5）至于在"Value_if_false"编辑框中的结果值是"及格"或"不及格"还需要做进一步的判断，具体实现，请继续步骤 2 操作。

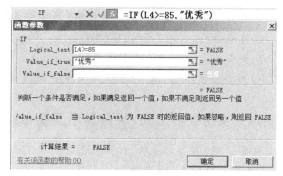

图 3-58　设置条件及结果值

步骤 2：函数嵌套，实现多重判断

（1）单击"Value_if_false"编辑框（不进行任何文字输入），鼠标单击"编辑栏"中的"IF"函数按钮，打开一个空白"函数参数"对话框，注意观察"公式编辑栏"中的内容。

（2）在"Logical_test"编辑框中输入判断条件："L4＞＝60"。

（3）在"Value_if_true"编辑框中输入"及格"，注意编辑栏的变化。

（4）单击"Value_if_false"编辑框（不进行任何文字输入），用鼠标单击函数"IF"按钮，再次打开一个空白"函数参数"对话框，继续填入分数少于 60 分情况的判断。

（5）"Logical_test"编辑框中输入判断条件："L4＞0"。

（6）在"Value_if_true"编辑框中输入"不及格"，在"Value_if_false"编辑框中输入"没有成绩"，回到开始的"函数参数"对话框，注意编辑栏内容的变化，参见图 3-59。

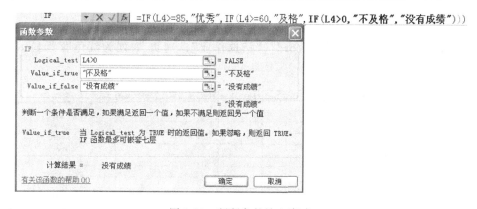

图 3-59　判断条件输入完成

（7）单击"确认"按钮 ✓，在 M4 单元格中出现"没有成绩"字样，在（M5：M13）区域进行公式复制，完成"总评"成绩公式的设置。

说明

也可以通过键盘输入,直接在"Value_if_false"编辑框中创建函数嵌套公式:

＝IF(L4≥60,"及格",IF(L4＞0,"不及格","没有成绩"))

单击"输入"按钮✔,即在M4单元格中出现"没有成绩"字样。

练习

请读者完成及格率(F17)和优秀率(F18)的计算。可以采用直接在"公式编辑栏"中输入的方式,也可以通过"公式选项板"创建公式。

及格率公式　"=COUNTIF($L$4：$L$13,">=60")/COUNT($L$4：$L$13)"

优秀率公式　"=COUNTIF($L$4：$L$13,">=85")/COUNT($L$4：$L$13)"

公式创建完毕后,将F17和F18单元格设置为百分比样式%。

任务4　使用条件格式,醒目显示重要数据

任务说明:醒目标识未交齐作业者。将"Word"、"任选作业"以及"网页"3栏的背景色,在没有成绩时,以红色显示。

(1) 选择区域(C4：C13、D4：D13、I4：I13)。

(2) 选择"格式|条件格式"命令,打开"条件格式"对话框。

(3) 参见图3-60通过"格式"按钮选择红色为背景色,设置当单元格中的数值为0时,单元格的背景色为红色。

图3-60　"条件格式"对话框

(4) 设置完成后,工作表的"Word"、"任选作业"、"网页"3列为红色背景显示,如图3-61所示。

姓名	Word	任选作业	Excel	PowerPrint	Flash	Photoshop	网页	参与程度	平时测试	方块	总评
甲		0									没有成绩
乙		0									没有成绩
丙		0									没有成绩
丁		0									没有成绩
戊		0									没有成绩
己		0									没有成绩
庚		0									没有成绩
辛		0									没有成绩
壬		0									没有成绩
癸		0									没有成绩

图3-61　突出显示列

任务 5　使用数据保护功能,防止人为输入

步骤 1:取消工作表的数据保护

(1) 通过"全选"按钮或菜单命令,选择整个工作表。

(2) 选择"格式|单元格"选项,打开"单元格格式"对话框。选择"保护"选项卡,取消"锁定"复选框的选中状态(图 3-62)。

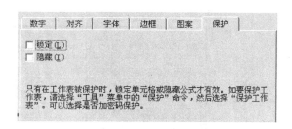

图 3-62　"保护"选项卡

步骤 2:防止"任选作业"一栏的成绩由人工输入

(1) 选择区域(D4:D13)("任选作业"栏)。

(2) 打开"单元格格式"对话框。选中"保护"选项卡上的"锁定"复选框。

(3) 执行"工具|保护|保护工作表"命令,打开"保护工作表"对话框(图 3-63)。在"密码"编辑栏中输入密码(如:123)。注意:重新输入密码时一定要与第一次输入的相同。

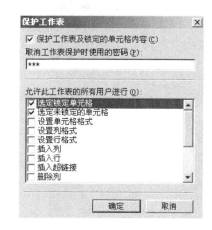

图 3-63　输入保护密码

(4) 观察以上操作效果:比如,选择 D4 单元格,尝试输入时,系统会弹出消息框,提示此单元格被保护,参见图 3-64。

图 3-64　单元格保护提示

注意

数据保护一般需要在最后进行,否则,会影响其他一些编辑操作。

思考

如果需要修改被保护的单元格的内容,如何撤销相应保护?

🔍**练习**

参照图 3-65 在表格中添入数据测试功能。

	A	B	C	D	E	F	G	H	I	J	K	L	M
1													
2						计算机文化基础成绩汇总							
3		姓名	Word	任选作业	Excel	PowerPrint	Flash	Photoshop	期末	参与程度	平时测试	总成	总评
4		甲	21	19	17		19		33	10	10	93	优秀
5		乙	15	18		18			29	10	0	72	及格
6		丙	18	18		15		16	25	5	10	74	及格
7		丁	24	18		18			33	8	10	93	优秀
8		戊	13	18				18	28	10	0	69	及格
9		己	19	15	15				30	5	10	79	及格
10		庚	20	15		10	15		22	0	0	57	不及格
11		辛	16	17			17		26	0	10	69	及格
12		壬	17	17	17				31	10	10	85	优秀
13		癸	18	19		19		15	27	5	10	79	及格
14													
15					平时测试成绩:	0	5	10					
16					课程通过率:	90%							
17					课程优秀率:	30%							
18													

图 3-65　最终表格效果

提高实验三　数据管理

实验目的：了解 Excel 提供的数据管理功能，包括如何创建数据清单、筛选符合条件的数据、利用排序功能进行数据分类等。

任务说明：本实验将用到一份 4 人结伴出游的流水账单，出发前每人预交了 150 元。旅途中的主要开销由"出纳员"李明负责支付，凡其他成员支付的公共费用均需向李明申明并备案。出游归来，李明需要使用 Excel 的相关功能计算出此次旅游的总开销、每个成员的实际支出，并给出成员之间如何转账的建议，同时，该账单数据的排列要便于每个成员查询自己的支出，以及核对每一笔开销。

任务分析：

（1）首先根据费用支出的时间顺序制作一份"旅游流水账单"，工作表单命名为"日期"，该表格的创建要符合数据清单的制作准则，以便使用 Excel 提供的数据管理功能。

（2）编辑修饰"日期"工作表单以便于浏览。

（3）将所有以"现金"方式支付，且"没有收据"的消费项目筛选出来，方便核对。

（4）对"日期"工作表单中的数据按日期进行费用汇总，并计算出旅行总支出。

（5）将"日期"工作表单中的原始数据复制到同一工作簿的新工作表"个人支出"中。

（6）对"个人支出"工作表单按个人信息进行费用汇总，计算出每个人实际支出的金额。

（7）在"个人支出"汇总表下方中制作统计信息表，包括姓名、预付款、追加款、收款总额、平均支出、增补费用 6 项，填入或计算相关数据。

任务 1　创建"日期"工作表单

步骤 1：启动 Excel 2003，程序自动创建"Book1.xls"工作簿文件

步骤 2：复制原始数据

（1）在 A1 单元格，输入表格标题"Wales 旅游流水账单"。

（2）打开"原始数据.xls"文件，选中（A5：I47），执行"复制"操作，切换到 Book1.xls 的 Sheet1 工作表中，单击 A5 单元格，执行"粘贴"操作，完成原始数据的复制操作。

注意

观察该表格数据是否符合数据清单创建规则。该数据清单由 9 个字段组成，共有 41 条记录。

（3）在 G3 单元格位置处输入文本"费用总计："。

（4）双击"Sheet1"标签名，把工作表单名称改为"日期"。

（5）将工作簿保存为"数据管理.xls"，注意保存路径。

小结

在 Excel 中，数据清单是包含相似数据组的带标题的一组工作表数据行，可以将"数

据清单"看作"数据库",其中行作为数据库中的记录,列对应数据库中的字段,列标题作为数据库中的字段名称。

任务 2 编辑修饰数据清单

步骤 1:修饰表格框架

(1) 表格标题在(A1:I1)区域跨列居中。

(2) 设置表格字段对齐方式。

① "费用总计:"右对齐。

② 表格列标题(A5:I5)居中。

(3) 修饰表格标题和列标题。

① 将工作表标题设置为"宋体"、"18 磅"粗体字,并加上淡灰色底纹;

② 将"费用总计:"和列标题设为"宋体"、"12 磅"粗体字,并为列标题填加淡灰色底纹,效果参见图 3-66。

图 3-66 修饰表格标题和列标题

步骤 2:修饰表格内容

(1) 对工作表单中的每一列内容,使用常规的对齐方式对齐。

① "日期"、"姓名"、"付账方式"、"用途"、"地点"、"注释"列内容左对齐。

② "费用"列内容右对齐。

③ 逻辑值采用中央对齐方式。

④ "时间"和"有收据否"两列内容设为居中对齐。

(2) 设置数值数据的显示格式:"费用"列(C6:C47)区域,将"小数位数"设为 2,即保留两位有效数据的格式。

(3) 此次旅游历时 7 天,为了清楚显示每一天的消费项目,可使用不同的背景色修饰日期和费用两列(如:黄、红、绿、紫、淡蓝、橘黄、深蓝),参见图 3-67。

日期	姓名	费用	付账方式	用途	地点	时间	有收据否	注释
26日	金奇	180.00	卡	rent	Cambridge	M	Y	
26日	振国	6.60	现金	taxi	Cambridge	M	Y	
26日	振国	24.19	卡	gas	Cambridge	M	Y	sainsburys
26日	李明	14.54	卡	food	Cambridge	M	Y	sainsburys
26日	振国	0.50	现金	parking	Ross-on-wye	A	N	2 hours
26日	金奇	1.24	现金	fruit	Ross-on-wye	A	Y	grape
26日	李明	38.45	卡	supper	Hay-on-wye	E	Y	kilverts
26日	李明	1.53	现金	candy	Hay-on-wye	E	Y	spar store
27日	李明	74.00	现金	B&B	Hay-on-wye	M	N	belmont rd
27日	振国	1.80	现金	coffee	Brecon-Beacons	A	N	
27日	李明	44.00	卡	pony-trekking	Llangorse	A	Y	Llangorse rope center
27日	李明	7.2	现金	tea&coffee	Llangorse lake	A	Y	nameless bar
27日	李明	32.5	卡	supper	Brecon	E	Y	48.5-16(student)

图 3-67 修饰列

小结

对于数据清单的创建和修饰,它不像一般的工作表那样随意,有许多需要注意的问题,比如:在同一个数据清单中列标题内容必须惟一;列标题与纯数据之间不能用虚线或空行隔开,同一列数据的数据类型、格式等必须相同;纯数据区域中不允许出现非法数据,如空记录等。在建立数据清单时要予以注意。

任务 3　筛选所有以"现金"方式支付且"没有收据"的消费项目

步骤 1:选中整个数据清单

步骤 2:筛选以"现金"支付的项目

(1)用鼠标单击任意列标题(如:姓名),选择"数据|筛选|自动筛选"命令。此时,"自动筛选"箭头会出现在数据清单中列标题的右侧,即每个列标题都变成了下拉式列表,参见图 3-68。

5	日期 ▼	姓名 ▼	费用 ▼	付账方 ▼	用途 ▼
6	26	金奇	180.00	卡	rent
7	26	振国	6.60	现金	taxi
8	26	振国	24.19	卡	gas
9	26	李明	14.54	卡	food
10	26	振国	0.50	现金	parking
11	26	金奇	1.24	现金	fruit
12	26	李明	38.45	卡	supper
13	26	李明	1.53	现金	candy
14	27	李明	74.00	现金	B&B

图 3-68　设置"自动筛选"方式

(2)单击"付账方式"列标题旁的"自动筛选"箭头按钮,打开对应的下拉列表,从中选择"现金"选项,参见图 3-69,即可将所有用"现金"付账的项目筛选出来(图 3-70)。

(3)注意观察:数据清单的行号为 7、10、11、13、14……表明筛选结果只显示满足筛选条件的数据,不满足条件的数据暂时被隐藏起来了。

日期 ▼	姓名 ▼	费用 ▼	付账方式 ▼	用途 ▼
26日	金奇	180.00		rent
26日	振国	6.60		taxi
26日	振国	24.19		gas
26日	李明	14.54		food
26日	振国	0.50 现金		parking
26日	金奇	1.24 现金		fruit
26日	李明	38.45 卡		supper
26日	李明	1.53 现金		candy
27日	李明	74.00 现金		B&B

图 3-69　选中筛选项目

5	日期 ▼	姓名 ▼	费用 ▼	付账方式 ▼	用途 ▼
7	26日	振国	6.60	现金	taxi
10	26日	振国	0.50	现金	parking
11	26日	金奇	1.24	现金	fruit
13	26日	李明	1.53	现金	candy
14	27日	李明	74.00	现金	B&B
15	27日	振国	1.80	现金	coffee
17	27日	李明	7.2	现金	tea&coffee
20	28日	李明	65.00	现金	B&B
23	28日	李明	8.00	现金	ticket
25	28日	李明	4.50	现金	drink
26	29日	李明	64.00	现金	B&B
27	29日	李明	6.80	现金	tea&coffee
30	29日	黎民	20.00	现金	Hostel
33	30日	振国	3.00	现金	parking
34	30日	李明	10.00	现金	tea&coffee
36	30日	李明	1.75	现金	dinner tips
37	31日	振国	4.50	现金	welsh sweet
38	31日	金奇	1.50	现金	donats
40	31日	李明	8.80	现金	ticket
46	1日	李明	13.00	现金	gas

图 3-70　筛选结果

步骤3：筛选"没有收据"的消费项目

单击"有收据否"列标题的"自动筛选"箭头按钮，打开对应的下拉列表，从中选择"N"选项，将所有"没有收据"的项目筛选出来(图3-71)。

5	日期 ▾	姓名 ▾	费用 ▾	付账方式 ▾	用途 ▾	地点 ▾	时间 ▾	有收据否 ▾
10	26日	振国	0.50	现金	parking	Ross-on-wye	A	N
14	27日	李明	74.00	现金	B&B	Hay-on-wye	M	N
15	27日	振国	1.80	现金	coffee	Brecon-Beacons	A	N
25	28日	李明	4.50	现金	drink	Swansea	E	N
26	29日	李明	64.00	现金	B&B	Swansea	M	N
27	29日	李民	6.80	现金	tea&coffee	Rhossili bay	A	N
30	29日	黎民	20.00	现金	Hostel	Snowdon	E	N
33	30日	振国	3.00	现金	parking	Snowdon	M	N
34	30日	振国	10.00	现金	tea&coffee	Snowdon	A	N
36	30日	李明	1.75	现金	dinner tips	Conwy	E	N
37	31日	振国	4.50	现金	welsh sweet	Swallow fall	M	N
38	31日	金奇	1.50	现金	donats	Conwy	A	N

图3-71 筛选出以"现金"方式支付且"没有收据"的消费项目

说明

步骤3是在步骤2的筛选结果的基础上再进行筛选，因此是"逻辑与"的关系，所以步骤2与步骤3综合筛选的数据是"没有收据"并且以"现金"支付的项目。

步骤4：将筛选结果复制到数据清单下方

(1) 为了便于核对，把筛选出来的结果复制到数据清单的下方。在A50单元格中输入"请仔细核对以下项目"，并使其在(A50：I50)区域合并居中。

(2) 修饰字体为"16磅"字、"宋体"并加上浅灰色底纹。

(3) 全部选中步骤4的筛选结果，单击"复制"按钮，选中A51单元格，单击"粘贴"按钮，使没有收据并以现金付账的数据在原数据清单的下方建立一个新的数据清单，参见图3-72。

50					请仔细核对以下项目				
51	日期	姓名	费用	付账方式	用途	地点	时间	有收据否	注释
52	26	振国	0.50	现金	parking	Ross-on-wye	A	N	2 hours
53	27	李明	74.00	现金	B&B	Hay-on-wye	M	N	belmont rd
54	27	振国	1.80	现金	coffee	Brecon-Beacons	A	N	brecon-beacons national park
55	28	李明	4.50	现金	drink	Swansea	E	N	nameless pub
56	29	李明	64.00	现金	B&B	Swansea	M	N	Oystermouth rd
57	29	李明	6.80	现金	tea&coffee	Rhossili bay	A	N	nameless tea bar
58	29	黎民	20.00	现金	Hostel	Snowdon	E	N	Lawrence hostel
59	30	振国	3.00	现金	parking	Snowdon	M	N	Llanberis
60	30	振国	10.00	现金	tea&coffee	Snowdon	A	N	Llanberias nameless bar(2.25 tips)
61	30	李明	1.75	现金	dinner tips	Conwy	E	N	Conwy town house(1.75+2.25=4)
62	31	振国	4.50	现金	welsh sweet	Swallow fall	M	N	
63	31	金奇	1.50	现金	donats	Conwy	A	N	

图3-72 复制新的数据清单

问题

这样的复制操作是否破坏了原来的数据清单结构？

回答：一个工作表单上可允许多个数据清单，但位置上有要求，在工作表的数据清单与其他数据之间至少留出1空白行或1空白列进行区分。以便在执行数据管理操作时，Excel正确选定数据清单。

步骤 5：取消数据清单的筛选状态

选择"数据|筛选|自动筛选"命令，数据清单将重新释放全部纪录，同时，列标题右侧的下拉箭头按钮消失。

步骤 6：保存文件

问题

如何筛选出每笔超过 50 镑并有收据的消费项目？

方法：单击"费用"列标题的"自动筛选"箭头按钮，选择"自定义"选项……

小结

这一部分介绍了"筛选"操作，在数据清单中进行筛选操作，是要从中提炼出满足筛选条件的数据，不满足条件的数据只是暂时被隐藏起来（并未真正被删除掉），一旦筛选条件被撤走，这些数据又重新出现。

任务 4　按日期顺序汇总每一天的支出

步骤 1：选中整个数据清单

步骤 2：使用"排序"功能将数据分类

要计算出每一天的花费总额，需依据"日期"列对数据清单进行排序，这里流水账是按照消费的顺序记载的，本身已经是按日期排序，所以该步骤的操作结果没有改变数据。

技巧

通常在对某一列进行排序，也就是排序的约束条件只有一个时，最常用的方法是选择需排序列的任意单元格，单击"常用"工具栏上的"升序"按钮 ⬆️ 或"降序"按钮 ⬇️，完成选择列的顺序排列。

步骤 3：按"日期"汇总"费用"列数据

（1）选择"数据|分类汇总"命令，打开"分类汇总"对话框。

（2）在"分类字段"下拉式列表中，选定"日期"。该下拉列表用以设定数据是按哪一列标题进行排序分类的。

（3）在"汇总方式"下拉式列表框中，选定"求和"方式，计算每一天的支出总和。

（4）在"选定汇总项"列表框中选择需要汇总的字段"费用"，该选项可以设置多个（图 3-73）。

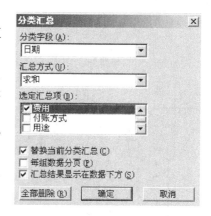

图 3-73　"分类汇总"对话框

步骤 4：观察分类汇总结果

分类汇总操作将为每个分类"日期"插入汇总行（比如第 14 行等），并在选定列"费用"上执行设定的"求和"计算，同时，还在该数据清单尾部加入总计求和值,参见图3-74。

1 2 3		A	B	C	D	E	F	G
	1						Wales 旅游流水账	
	2							
	3						费用总计:	
	4							
	5	日期	姓名	费用	付账方式	用途	地点	时间
	6	26	金奇	180.00	卡	rent	Cambridge	M
	7	26	振国	6.60	现金	taxi	Cambridge	M
	8	26	振国	24.19	卡	gas	Cambridge	M
	9	26	李明	14.54	卡	food	Cambridge	M
	10	26	振国	0.50	现金	parking	Ross-on-wye	A
	11	26	金奇	1.24	现金	fruit	Ross-on-wye	A
	12	26	李明	38.45	卡	supper	Hay-on-wye	E
	13	26	李明	1.53	现金	candy	Hay-on-wye	E
	14	26 汇总		267.05				
	15	27	李明	74.00	现金	B&B	Hay-on-wye	M
	16	27	振国	1.80	现金	coffee	Brecon-Beacons	A
	17	27	李明	44.00	卡	pony-trekking	Llangorse	A
	18	27	李明	7.2	现金	tea&coffee	Llangorse lake	A
	19	27	李明	32.5	卡	supper	Brecon	E
	20	27 汇总		159.5				

图 3-74　分类汇总结果

步骤 5:查看不同层次的汇总数据

(1)观察分类汇总清单,在其最左边出现了一些控制分级显示数据清单的符号 1 2 3,单击第一级符号 1,仅可查看汇总总和与列标题,参见图 3-75。

1 2 3		A	B	C
	1			
	2			
	3			
	4			
	5	日期	姓名	费用
+	55	总计		1140.07
	56			
	57			

图 3-75　查看一级汇总

(2)单击第二级符号 2,查看该项分类汇总与汇总总和,参见图 3-76。

(3)单击"30 日汇总"对应的"显示明细数据"符号 +,查看 30 日的具体支出项目,参见图 3-77,此时符号按钮变为"隐藏明细数据"符号 —,单击符号 —,即可隐藏 30 日的具体支出信息。

1 2 3		A	B	C
	1			
	2			
	3			
	4			
	5	日期	姓名	费用
+	14	26 汇总		267.05
+	20	27 汇总		159.5
+	28	28 汇总		176.79
+	35	29 汇总		151.22
+	41	30 汇总		109.05
+	47	31 汇总		81.95
+	54	1 汇总		194.51
	55	总计		1140.07

图 3-76　查看二级汇总

1 2 3		A	B	C
	1			
	2			
	3			
	5	日期	姓名	费用
+	14	26 汇总		267.05
+	20	27 汇总		159.5
+	28	28 汇总		176.79
+	35	29 汇总		151.22
	36	30	黎民	36.00
	37	30	振国	3.00
	38	30	振国	10.00
	39	30	李明	58.30
	40	30	李明	1.75
—	41	30 汇总		109.05
+	47	31 汇总		81.95
+	54	1 汇总		194.51
	55	总计		1140.07

图 3-77　查看"30 日汇总"

步骤 6：保存文件

 小结

这一部分介绍了数据汇总的概念，首先将数据分类（排序），然后利用 Excel 提供的函数把已条理化的数据进行汇总。在此，对每天的费用进行汇总，可以清楚地看到每天的消费总额。

任务 5　计算出每个人实际支出的金额

步骤 1：复制"日期"工作表单中的原始数据

（1）取消分类汇总：选定数据清单中任意单元格，选择"数据|分类汇总"命令，单击"分类汇总"对话框下部的"全部删除"按钮，即可删掉全部汇总项，恢复原数据清单的形式。

（2）选择"日期"工作表中的（A1∶I47）区域，选择"复制"操作。

（3）选择"数据管理.xls"的"Sheet2"，在打开的新的空白工作表中选择 A1 单元格，进行"粘贴"完成工作表的复制，为新的工作表重命名"个人支出"，见图 3-78。

步骤 2：单击数据清单中任意一个单元格，选中整个数据清单。

步骤 3：自定义排序顺序：实现以振国、金奇、黎民、李明这样的名字顺序排序（不符合通常的排序顺序）。

图 3-78　命名新工作表

选择"工具|选项"命令，在"自定义序列"选项卡中，单击"添加"按钮，在"输入序列"编辑框中，按自定义的排序顺序键入列表的项目，每个项目用 Enter 键分隔（图 3-79）。

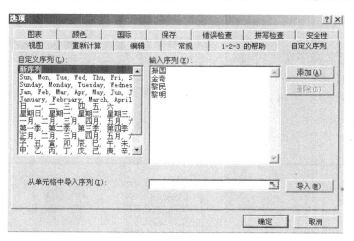

图 3-79　自定义排列顺序

步骤 4：按自定义的序列进行排序

（1）单击数据清单中任意一个单元格，选中整个数据清单。

（2）选择"数据|排序"命令，在
打开的"排序"对话框的"主要关键
字"的下拉列表中选择分类项"姓
名"(图 3-80)。

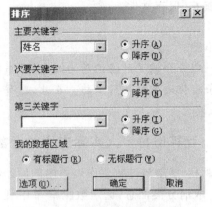

图 3-80　设置排序关键字

（3）单击"选项"按钮，打开"排
序选项"对话框(图 3-81)。

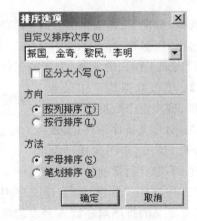

图 3-81　"排序选项"对话框

（4）在"自定义排序次序"下拉
列表中，选择我们定义的序列，排序
结果参见图 3-82，数据按自定义的
人员姓名顺序显示。

5	日期	姓名	费用	付账方式	用途
6	26日	振国	6.60	现金	taxi
7	26日	振国	24.19	卡	gas
8	26日	振国	0.50	现金	parking
9	27日	振国	1.80	现金	coffee
10	30日	振国	3.00	现金	parking
11	30日	振国	10.00	现金	tea&coffee
12	31日	振国	4.50	现金	welsh sweet
13		振国 汇总	50.59		
14	26日	李明	14.54	卡	food
15	26日	李明	38.45	卡	supper
16	26日	李明	1.53	现金	candy
17	27日	李明	74.00	现金	B&B
18	27日	李明	44.00	卡	pony-trekking
19	27日	李明	7.20	现金	tea&coffee
20	27日	李明	32.50	卡	supper
21	28日	李明	65.00	现金	B&B
22	28日	李明	13.29	卡	food
23	28日	李明	16.00	卡	gas
24	28日	李明	8.00	现金	ticket
25	28日	李明	50.00	卡	dinner
26	28日	李明	4.50	现金	drink
27	29日	李明	64.00	现金	B&B

图 3-82　排序结果

步骤 5：计算出每个人实际支出的金额

（1）选择数据清单中任意单元格。

（2）按字段"姓名"进行分类，汇总方式为"求和"，汇总项为"费用"。

图 3-83 汇总结果

（3）完成汇总操作，单击第二级符号 2，汇总结果参见图 3-83。

小结

计算每个人所要担负的费用是制作这个 Excel 工作表单的初衷，通过这一步已经计算出每个人在旅游途中的总支出。

任务 6 制作统计信息表

步骤 1：填写原始数据

（1）在工作清单下方的（B57：G61）区域内，按照图 3-84 所示，输入原始数据。

姓名	预付款	追加款	收款总额	平均支出	增补费用
振国	150				
金奇	150				
黎民	150				
李明	150				

图 3-84 输入原始数据

（2）设定"预付款"项保留 0 位小数，其他列保留 2 位小数。

（3）在"增补费用"项中有可能出现负数，选择负数的表示方式为"常规"。

	姓名	预付款	追加款
57			
58	振国	150	50.59
59	金奇	150	212.74
60	黎民	150	96.42
61	李明	150	780.32

图 3-85 输入结果

步骤 2：填写"追加款"

（1）在"追加款"项（D58：D61）中分别填入数据清单中所求出的每个人的汇总钱数（来自 C13、C18、C23、C51 单元格）。

（2）单击 D58 单元格，然后单击"编辑栏"中的 *fx* 按钮，输入或选取 C13，确认即可，输入结果参见图 3-85。

步骤 3：计算"收款总额"

在"收款总额"列（E58：E61）中，将相应项的"预付款"和"追加款"的总和放入其中，比如：SUM（C58：D58），参见图 3-86。

姓名	预付款	追加款	收款总额	平均支出	增补费用
振国	150	50.59	200.59	285.02	-84.43
金奇	150	212.74	362.74	285.02	77.72
黎民	150	96.42	246.42	285.02	-38.60
李明	150	780.32	330.32	285.02	45.30

图 3-86　　计算相关费用

注意

李明处已有预付款 600 元,所以计算收款总额时要"预付款+追加款-600"。

步骤 4:计算"平均支出"

在"平均支出"列(F58:F61),将计算收款总额并除以 4(=SUM($E$58:$E$61)/4),计算出平均支出,见图 3-86。

思考

在此计算平均支出时使用的是绝对地址,如果使用相对地址会出现什么情况?

步骤 5:计算增补费用

在"增补费用"列中(F58:F61)区域用"收款总额-平均支出"计算出"增补费用",见图 3-86。"增补费用"为负数的需要补交费用给"增补费用"为正数的人。

步骤 6:保存文件

小结

在计算出需要的数据后,在工作表单的下方制作统计信息表,可以使每个人对相应账目非常清楚,一目了然。

第4章

多媒体演示文稿制作

入门实验　演示文稿的制作

实验目的：掌握演示文稿的创建和打开方法，利用幻灯片版式制作具有不同内容的幻灯片。利用绘图等工具在"空白"版式上自由创建幻灯片内容。

任务1　创建一个新演示文稿

步骤1：启动 PowerPoint 2003

（1）观察 PowerPoint 启动时，屏幕上自动出现"开始工作"任务窗格（图4-1）。

（2）单击窗格下方"新建演示文稿"超链接，打开"新建演示文稿"对话框（图4-2）。

图4-1　"开始工作"任务窗格　　　图4-2　"新建演示文稿"对话框

步骤2：创建空演示文稿

（1）从"新建演示文稿"对话框中选择"空演示文稿"超链接选项，屏幕上出现"幻灯片版式"任务窗格，参见图4-3，其中列出了4个类别31种自动版式。

（2）从中选择"标题幻灯片"自动版式。

（3）单击该版式右侧的小三角按钮，弹出一个快捷菜单，如图4-4所示。

（4）选择"应用于选定幻灯片"命令，关闭"幻灯片版式"任务窗格，进入 PowerPoint 工作环境。

图4-3　"幻灯片版式"任务窗格

🔍**说明**

幻灯片自动版式就是幻灯片中各对象间的搭配布局。

幻灯片布局是否合理与协调、整洁与清晰,直接影响演示时的视觉效果。

步骤3:制作"标题"幻灯片

(1)"标题"版式幻灯片预设了两个虚线方框(图4-5),也称作"占位符"。

🔍**说明**

① 在占位符中可以放置一些对象,比如:文本、图表、表格和图片等。

② 对占位符的操作包括调整它的大小和位置。

③ 删除多余的占位符的操作是:选取占位符,然后按下键盘上的 Delete 键。

(2)单击主标题区域,选中标题区域的占位符,即虚线方框四周有 8 个白色的小圆点,在方框内出现 I 型指针(图4-6)。

(3)输入主标题文字"水木清华"(图4-7)。

(4)采用同样的方法,在副标题占位符中输入"——我的母校"。

(5)单击幻灯片的空白区域,取消对副标题区域的选择,完成标题幻灯片的制作,参见图4-8。

步骤4:增加一张"标题和两栏文本"版式的幻灯片

(1)单击工具栏上的 [新幻灯片(N)] 按钮,打开"幻灯片版式"任务窗格。

(2)选择"标题和两栏文本"自动版式(图4-9),关闭该窗格。

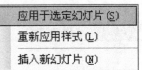

图4-4 "幻灯片版式"快捷菜单

图4-5 幻灯片中的占位符

图4-6 选中标题区域

图4-7 输入主标题

图4-8 标题幻灯片

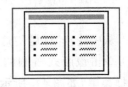

图4-9 "标题和两栏文本"自动版式

步骤 5：编辑幻灯片

（1）在"标题"占位符中输入"水木清华"。

（2）在左侧文本占位符中，输入"清华园简介"，按下 Enter 键，插入光标跳到下一行，在插入光标的左侧自动出现列表符号（比如，圆点符号），参见图 4-10。

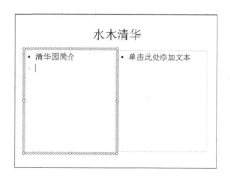

图 4-10　输入内容

（3）依次在左侧的文本占位符中输入以下内容（参见图 4-11）：

- 二校门
- 大礼堂
- 清华学堂
- 主楼
- 图书馆
- 学生区和教学区

（4）在右侧文本占位符中输入以下内容：

- 水木清华
- 荷塘月色
- 近春园
- 古月堂
- 湖畔
- 自清亭
- 闻亭
- 结束观赏

步骤 6：增加一张"空白"版式幻灯片

单击 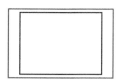 按钮，从"幻灯片版式"任务窗格中选择"空白"自动版式，参见图 4-12，关闭窗格。

步骤 7：使用文本框布局幻灯片的版面

（1）单击"绘图"工具栏上的"文本框"按钮 ，将鼠标指针放在合适的位置上，单击鼠标，屏幕上出现一个虚线的矩形框，参见图 4-13。

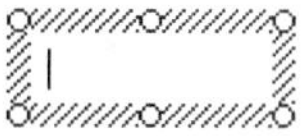

图 4-11　完成"标题和两栏文本"幻灯片

图 4-12　"空白"自动版式

图 4-13　插入文本框

（2）在文本框中，输入文字"水木清华"。

（3）选择"绘图"工具栏上的"竖排文本框"按钮▣，将鼠标指针放在合适的位置上，单击鼠标，输入标题文字"大礼堂"，参见图 4-14。

图 4-14　输入标题文字

（4）参照图 4-15，用同样方法，完成其他两个文本框文字的输入。

（5）参照图 4-15，调整幻灯片上内容的版面布局。

步骤 8：插入图片

在第三张幻灯片上选择"插入|图片|来自文件"命令，插入"大礼堂"图片并调整它们的位置，最终样例效果图如图 4-16 所示。

步骤 9：保存文件

图 4-15　输入完成后的幻灯片

说明

保存演示文稿的意义在于将该演示文稿中的所有幻灯片都保存在一个 PowerPoint 文件里，不必担心丢失某一张幻灯片。

小结

① 在幻灯片上插入剪贴画与来自外部图片的方法与 Word 是一样的。具体方法见 Word 入门实验中的任务 2。

图 4-16　在幻灯片上插入图片

② 在幻灯片中可以实现图文混排，可以选择空白版式幻灯片，利用文本框工具和插入图片组合起来实现这种效果。

③ 在幻灯片上还可以使用艺术字制作具有特殊效果的文字、标题或标志。创建艺术字的方法可参考第 2 章的实验。

练习 1

在第二张幻灯片上插入"清华拱门"图片并调整它的位置，最终样例效果图如图 4-17 所示。

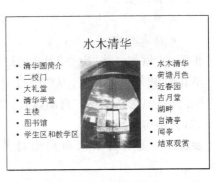

图 4-17　练习 1 效果图

练习 2

独立完成图 4-18 所示的艺术字制作。其实现技巧在于文字输入。

图 4-18　练习 2 效果图

练习 3

利用素材图片 clock.jpg 和"自强不息厚德载物"艺术字,共同设计成一个标志,参见图 4-19。

图 4-19　练习 3 效果图

任务 2　编辑幻灯片中的文字

步骤 1: 修饰幻灯片标题

(1) 打开"水木清华原始练习样例.ppt"。

(2) 打开第一张幻灯片。

(3) 选取主标题文字"水木清华"。

(4) 设置字体为"华文彩云",字号为"88 磅",效果参见图 4-20。

(5) 修饰副标题文字"——我的母校",字体"华文行楷"、字号"48 磅",效果参见图 4-21。

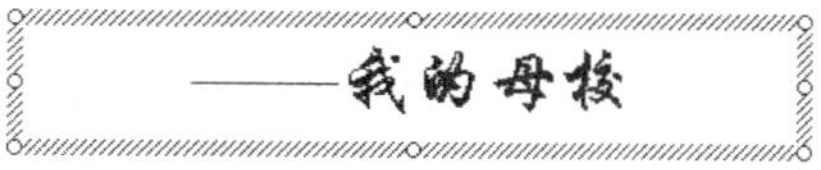

注意

单击文本对象的占位符边框线可以选择整个文本对象。注意观察屏幕,此时,文本对象的边框会由斜条状变为点状,选择之后,不仅可以对文字进行修饰,还可以对占位符边框进行移动或者缩放。图 4-22 为文本对象的斜条状边框,图 4-23 为文本对象的点状边框。

图 4-20　修饰主标题

图 4-21　修饰副标题

图 4-22　文本对象的斜条状边框

图 4-23　文本对象的点状边框

步骤 2：为文本框文字添加项目符号

（1）打开第二张幻灯片。

（2）选取幻灯片上的左侧文本列表，选择"格式|项目符号和编号"命令，打开"项目符号和编号"对话框，参见图 4-24。

（3）在"项目符号"选项卡上，选取第一排第 4 个项目符号的式样，单击"确定"按钮，观察文本列表的项目符号发生的变化。

（4）用同样的方法修饰右侧文本列表的项目符号，采用相同的项目符号式样，最终效果参见图 4-25。

技巧

单击"项目符号和编号"对话框右下角位置处的"自定义"按钮，打开"符号"对话框，参见图 4-26，通过"字体"列表选择不同的字体。不同的字体提供不同的项目符号，比如 Wingdings 和 Wingdings2 字体，它们提供了丰富的项目符号供选择。在"项目符号和编号"对话框中，还可以利用"颜色"列表框和"大小"微调按钮改变项目符号的颜色和大小。

练习

将第二张幻灯片上的文本列表的项目符号修饰成"☆"，见图 4-27。

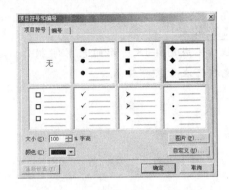

图 4-24　"项目符号和编号"对话框

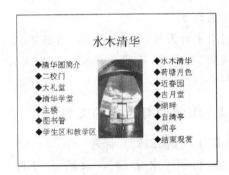

图 4-25　最终效果

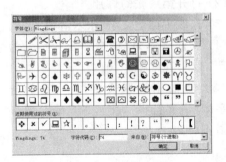

图 4-26　"符号"对话框

图 4-27　修饰项目符号

提高实验一　设置演示文稿的外观风格

实验目的：掌握用于演示文稿的一种设计模板的方法，使演示文稿具有统一、精致漂亮的外观。利用改变配色方案中的颜色，为演示文稿中的所有对象赋予新的色彩。掌握并利用幻灯片母版功能创建具有个人风格的模板文件。

任务1　为演示文稿应用模板

步骤1：打开"水木清华练习样例 1.ppt"文件

步骤2：应用模板

（1）执行"格式|幻灯片设计"命令，打开"幻灯片设计"任务窗格（图 4-28）。

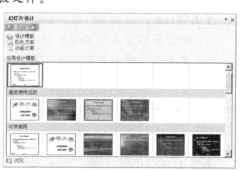

图 4-28　"幻灯片设计"任务窗格

（2）单击窗格底部的"浏览"超链接，打开"应用设计模板"对话框，打开 Presentation Designs 文件夹，单击"视图"按钮 右侧的三角按钮，打开一个快捷菜单，从中选择"预览"命令，如图 4-29 所示。选中的模板文件内容显示在右侧的预览框窗格中。

（3）选取模板文件 CDESIGNA.POT。

（4）单击"应用"按钮，稍等片刻后，演示文稿将以新的风格出现。

图 4-29　预览应用设计模板文件

（5）单击 PowerPoint 程序窗口左下角的"幻灯片浏览视图"按钮，观察整个演示文稿的外观具有了一种统一的风格（参见图 4-30）。

图 4-30　应用模板后的效果

说明

"幻灯片浏览"视图是将演示文稿中的所有幻灯片按顺序排列在窗口中。在该视图中，用户不但可以对组成演示文稿的幻灯片一目了然，而且可以利用鼠标拖动来调整各幻灯片的先后顺序（即演示次序）、复制或删除幻灯片，更重要的是还可以设置每张幻灯片的演示效果。

🔍**练习**

利用图片工具栏上的"设置透明色"按钮 📝,单击第 3 张幻灯片上的大礼堂图片白色区域,将该图片的白色背景变成透明效果,修饰图片后的效果如图 4-30 所示。

步骤 3:关闭并保存文件

🔍**思考**

(1) 能否为已经应用了模板的演示文稿更换另一个模板?为什么?

(2) 能否同一时刻为某一个演示文稿应用两个不同的模板?

任务 2　改变幻灯片配色方案

步骤 1:打开"水木清华练习样例 2.ppt"文件

步骤 2:应用配色方案

(1) 执行"格式|幻灯片设计"命令,打开"幻灯片设计"任务窗格,单击"配色方案"超链接,在"应用配色方案"列表框中会显示系统提供的 8 种配色方案(图 4-31)。

图 4-31　幻灯片设计-配色方案

(2) 单击窗格底部的"编辑配色方案"超链接,打开"编辑配色方案"对话框,"标准"选项卡的配色方案列表框中提供了 8 种配色方案。

(3) 在"标准"选项卡上,选择第 2 行第 1 列配色方案,单击"应用"按钮。

(4) 浏览演示文稿,观察所有的幻灯片都被赋予了新的颜色。

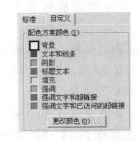

图 4-32　自定义配色方案

🔍**说明**

读者可以通过"编辑配色方案"对话框中的"自定义"选项卡,根据需要更改每一种项目颜色,配置满意的色彩方案,参见图 4-32。

步骤 3:关闭并保存演示文稿

任务 3　应用幻灯片母版

步骤 1:打开"水木清华练习样例 3.ppt"文件

步骤 2:进入幻灯片母版视图

执行"视图|母版|幻灯片母版"命令,进入当前演示文稿的幻灯片母版视图(图 4-33)。

图 4-33　幻灯片母版

说明

在幻灯片母版的"自动版式的标题区"和"自动版式的对象区"两个区域中可以统一修饰幻灯片标题式样和对象区中文本格式与层次文本的项目符号。

步骤 3：修改幻灯片母版

（1）执行"插入｜图片｜来自文件"命令，插入"clock.jpg"文件，参见图 4-34。

（2）将图片移到合适的位置上。

（3）利用"图片工具栏"上的"设置透明色"按钮 ，对图片进行透明效果的处理。

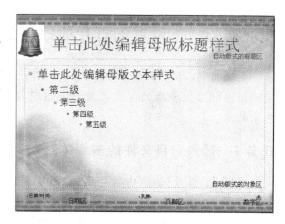

图 4-34　在母版中插入图片

（4）单击 PowerPoint 窗口左下角的"幻灯片浏览视图"按钮，观察除了标题幻灯片之外，所有的幻灯片上都出现了闻亭钟图片，参见图 4-35。

图 4-35　样例效果图

步骤 4：保存为模板文件

（1）执行"文件｜另存为"命令，具体保存信息设置如下：

文件名：闻亭钟

保存类型：演示文稿设计模板（*.pot）

（2）注意观察该对话框中"保存位置"列表框自动变为 Templates 文件夹（图 4-36）。

（3）单击"保存"按钮，自创的"闻亭钟"模板文件将保存在 Templates 文件夹中。

图 4-36　保存为模板文件

提高实验二 设置幻灯片的播放效果

实验目的:插入多媒体对象,为幻灯片上的对象设置美妙的动画效果,让它们按照一定的出场顺序以特殊的方式在屏幕上出现,使演示文稿真正成为一个具有多媒体效果的艺术作品。

任务1 插入来自文件的多媒体对象

步骤1:打开"插入声音与视频.ppt"文件的第1张幻灯片

步骤2:插入来自文件的声音和音乐

(1) 在幻灯片视图中,执行"插入|影片和声音|文件中的声音"命令,打开"插入声音"对话框。

(2) 在"查找范围"列表区域中找到所要插入的声音文件"校园导游.wav"。

(3) 单击"确定"按钮,屏幕上出现了一个提示对话框,参见图4-37。

(4) 单击"在单击时"按钮,关闭提示对话框,幻灯片上出现了声音图标◀。

(5) 将声音图标移动到该幻灯片的左上角。

(6) 播放该幻灯片,只有单击声音图标,对应的声音文件才播放。

步骤3:插入影片

(1) 打开第5张幻灯片。

(2) 在幻灯片视图中,执行"插入|影片和声音|文件中的影片"命令,打开"插入影片"对话框。

(3) 插入的影片文件"行胜于言.avi",屏幕上出现一个提示对话框(图4-38),单击"在单击时"按钮,关闭提示对话框,幻灯片上出现了影片的第1帧画面(图4-39)。

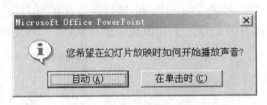

图4-37 提示对话框

图4-38 插入影片提示对话框

图4-39 出现影片的第一帧画面

（4）将影片的第一帧画面移到该幻灯片的自选图形"棱台"（参见图 4-40）上并调整它的尺寸，最终效果参见图 4-41。

（5）播放该幻灯片，只有单击影片画面后，指定的影片文件才开始播放。

步骤 4：保存文件

任务 2　给演示文稿添加动画效果

步骤 1：打开"设置动画效果.ppt"文件的第 2 张幻灯片

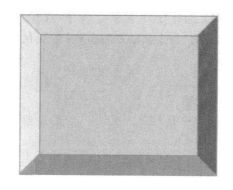

图 4-40　幻灯片的自选图形

图 4-41　最终效果

步骤 2：自定义动画

（1）执行"幻灯片放映|自定义动画"命令，打开"自定义动画"任务窗格，参见图 4-42。

（2）在幻灯片上选取要设置动画效果的对象。例如，选取"标题"对象，此时该任务窗格上的"添加效果"按钮由无效状态变成有效状态。

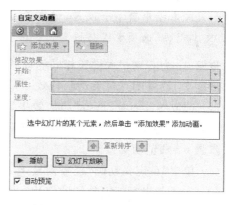

图 4-42　"自定义动画"任务窗格

（3）单击"添加效果"按钮右侧的小三角按钮，弹出一个快捷菜单（图 4-43）。

图 4-43　"添加效果"下拉菜单

(4) 选择"进入|飞入"命令,观察所选动画效果,同时"自定义动画"窗格发生变化,参见图4-44。

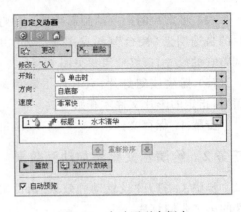

图 4-44　在动画列表框中
添加了一个动画项目

🔍**说明**

① "开始"下拉列表:设置启动动画的方式。

② "方向"下拉列表:选择动画飞入时的方向。

③ "速度"下拉列表:选择动画播放速度。

④ "更改"按钮:重新设置动画效果。

⑤ "删除"按钮:取消当前设置的动画效果。

步骤 3:设置左侧文本对象动画特效

飞入方向"自顶部"、飞入时的音效"打字机"、动画播放后"不变暗"、动画文本为默认设置"整批发送"。

🔍**说明**

如果要在列表中某一动画结束后和下一个动画开始前添加延迟时间,可以选择"计时"选项卡进行设置。

如果文本框中有多个段落,读者希望按段落或项目符号的级别显示动画,可以选择"正文文本动画"选项卡进行设置。

步骤 4:为右侧文本设置相同的动画效果

步骤 5:设置图片对象动画特效

(1) 选取图片对象,选择"添加效果"下拉菜单中的"强调|陀螺旋"命令。

(2) 在"陀螺旋"对话框的"效果"选项卡中设置"自动翻转"和"旋转 2 周"参数。

步骤 6:预览动画效果

(1) 单击"自定义动画"任务窗格 ▶ 播放 ,预览幻灯片中的动画。

(2) 如果希望看到完整的幻灯片放映效果,可以单击任务窗格 幻灯片放映 。

(3) 如果满意所设置的动画效果,单击任务窗格中的"关闭"按钮,完成动画效果的设置。

🔍**说明**

"幻灯片放映"视图是以最大化方式显示演示文稿中的每张幻灯片。进入"幻灯片放映"视图后,每张幻灯片占据整个屏幕。每单击一次鼠标左键(或回车键),屏幕就显示下一张幻灯片;按 Esc 键可退出"幻灯片放映"状态。单击鼠标右键或单击屏幕左下角的快捷菜单按钮 时,屏幕上就会出现一个快捷菜单,从中可以选择相关的命令。

思考

（1）如何为图表设置动画效果？如线图、动画的方式按序列发送，动画效果采用向右擦除效果；如柱形图、动画的方式按序列发送，动画效果采用向上擦除效果。读者可以试一试。

（2）如何取消动画效果的设置？

任务 3　为演示文稿制作背景音乐

继续任务 2 练习。

步骤 1：打开第 1 张幻灯片

步骤 2：设置音效播放

（1）利用"幻灯片放映|自定义动画"命令设置"校园导游.wav"声音图标动画效果。

（2）利用"自定义动画"任务窗格中的"重新排序"按钮将它的动画顺序移到第一位，参见图 4-45。

说明

声音文件与演示文稿文件应放在同一文件夹下。采用这种设置后，当进行演示文稿播放时，背景音乐将自动播放。

步骤 3：设置连续播放的背景音效

（1）在动画列表框中单击"校园导游.wav"右侧的三角按钮，选择"效果选项"快捷命令，打开"播放声音"对话框，按照图 4-46 中的参数进行设置。

（2）在"计时"选项卡中设置背景音效播放的次数，参见图 4-47。

（3）在"声音设置"选项卡上单击"声音音量"按钮，调节背景音效的音量，选中"幻灯片放映时隐藏声音图标"复选框，参见图 4-48。

图 4-45　动画顺序列表

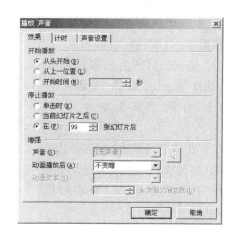

图 4-46　"播放声音"对话框

开始(S)：	单击时	
延迟(D)：	0	秒
速度(E)：		
重复(R)：	直到幻灯片末尾	

图 4-47　设置背景音效播放的参数

播放选项

声音音量(V)：

显示选项

☑ 幻灯片放映时隐藏声音图标(H)

信息

播放时间总和：01:00
文件：D:\...\校园导游.wav

图 4-48　播放与显示选项参数

说明

　　确定背景音乐在何时停止播放,就要根据演示文稿的长度,即共有多少张幻灯片来决定,如果演示文稿有超链接的设置,应该大于它的实际长度,否则到指定长度后,背景音乐会自动停止播放。

　　步骤4:测试背景音效

　　(1) 单击"确定"按钮,关闭"播放声音"对话框。

　　(2) 单击"自定义动画"任务窗格上的关闭按钮。

　　(3) 进入幻灯片放映视图,播放演示文稿,试听效果。

任务4　为视频文件设置动画效果

　　继续任务3练习。

　　步骤1:打开第5张幻灯片

　　步骤2:设置视频播放效果

　　(1) 选取幻灯片上的影片画面对象,选择"幻灯片放映|自定义动画"命令,打开"自定义动画"任务窗格。

　　(2) 在该任务窗格上选择"添加效果|影片操作|播放"命令,为视频文件"行胜于言.avi"设置动画效果,参见图4-49。

图4-49　为视频文件设置动画效果

说明

　　视频文件与演示文稿文件应放在同一文件夹下。

　　步骤3:设置连续播放的视频

　　(1) 在动画列表框中单击"行胜于言.avi"右侧的三角按钮,选择"效果选项"快捷命令,打开"播放影片"对话框,按照图4-50中的参数进行设置。

　　(2) 单击"确定"按钮,关闭"播放影片"对话框。

　　(3) 单击"自定义动画"任务窗格上的关闭按钮。

　　(4) 播放演示文稿,测试视频

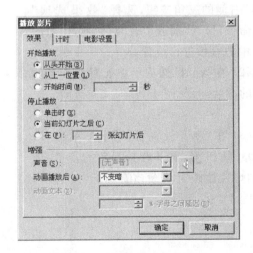

图4-50　"播放影片"对话框

播放效果。

💡说明

（1）选择"计时"选项卡，可以设置影片的播放次数。

（2）在"电影设置"选项卡上，可以调节影片的音量。如果希望在幻灯片放映时采用全屏播放影片的效果，可选中"缩放至屏幕"选项。

步骤 4：保存文件

任务 5　设置幻灯片的切换效果

继续任务 4 练习。

步骤 1：进入幻灯片浏览视图，观察窗口界面变化

（1）演示文稿的所有幻灯片以缩略图形式排列有序，参见图 4-51。

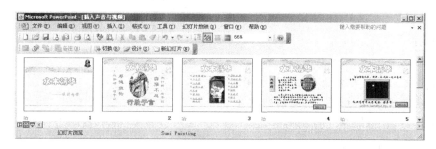

图 4-51　排列有序的幻灯片

（2）界面中出现了一排"幻灯片浏览"
工具栏，见图 4-52。

图 4-52　"幻灯片浏览"工具栏

步骤 2：设置幻灯片切换效果

（1）首先选中第 1 张幻灯片，然后按
下键盘上的 Shift 键，再单击第 2 张幻灯
片，同时选取这两张幻灯片，参见图 4-53。
选中的幻灯片四周由粗边框线框住。

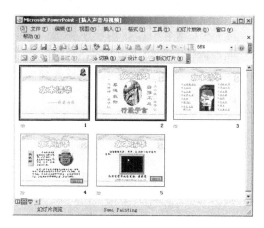

图 4-53　同时选取两张幻灯片

　　(2)单击"幻灯片浏览"工具栏上的"切换"按钮,打开"幻灯片切换"任务窗格,参见图4-54,读者可以选择切换效果,还可以选择切换效果的速度和幻灯片停留在屏幕上的时间。

　　(3)在"应用于所选幻灯片"列表框中选择"盒状收缩"命令,在"速度"列表框中选择"中速"选项。

　　(4)单击该任务窗格下方的"播放"按钮,可查看所设置的切换效果。

　　(5)在"换片方式"中选择系统提供的默认换页方式"单击鼠标时",参见图4-55。

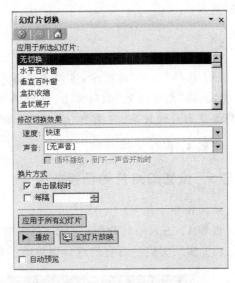

图4-54　"幻灯片切换"任务窗格

🔍**说明**

　　连续幻灯片的选取方法是:在选取第1张幻灯片之后,按下键盘上的Shift键,再单击其他若干张幻灯片。不连续幻灯片的选取方法是:在选取第1张幻灯片之后,按下键盘上的Ctrl键,再单击其他若干张

图4-55　选择"换片方式"

幻灯片。在幻灯片浏览视图中,不仅可以为幻灯片设置切换效果,还可以对幻灯片进行各种操作,例如:复制、移动、删除和隐藏等。

🔍**练习**

将第3、4、5张幻灯片设置为"向下擦除"的切换效果。

步骤3:查看幻灯片切换效果

单击该任务窗格下方的 🖳幻灯片放映 按钮,播放演示文稿,注意观察播放时的效果。

步骤4:关闭"幻灯片切换"任务窗格

步骤5:保存并关闭演示文稿

🔍**问题**

如何实现演示文稿自动循环播放的效果?

答案:(1)换片方式采用"每隔0.02秒"的设置。(2)参阅教材中5.6.4小节"播放演示文稿",在"设置放映方式"对话框中的"放映选项"列表区域选择"循环放映,按Esc键终止"选项。

提高实验三　制作具有交互功能的演示文稿

实验目的：掌握在演示文稿内设置超链接的方法，更好地组织演示文稿的内容。利用创建分支式的演示文稿的方法，让观众自行选择感兴趣的主题内容。

任务 1　在演示文稿内进行跳转

步骤 1：打开"超链接样例.ppt"文件的第一张幻灯片，参见图 4-56。

图 4-56　打开第一张幻灯片

🔍**说明**

可以把整个演示文稿当作一本画册，把第一张幻灯片当作画册的封面。本任务将实现：单击封面上某一个子标题时，演示文稿将跳转到相关内容的幻灯片上。

步骤 2：设置超链接跳转功能

（1）选取"花卉"文字，执行"幻灯片放映｜动作设置"命令，打开"动作设置"对话框，参见图 4-57。

图 4-57　"动作设置"对话框

（2）单击"超链接到"选项，打开"超链接到"选项下方的列表框，参见图 4-58。

图 4-58　设置超级链接

（3）从中选择"幻灯片…"命令（参见图 4-58），打开"超链接到幻灯片"对话框，从中选择本次跳转的目的地（图 4-59）。

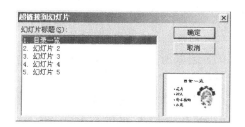

图 4-59　"超链接到幻灯片"对话框

（4）在"幻灯片标题"区域中选择"幻灯片2"并单击"确定"按钮,在"超链接到"下面的列表框中出现了"幻灯片2",表明设置完毕跳转目的地,参见图4-60。

图 4-60　设置完跳转目的地

（5）单击"确定"按钮。注意观察:"花卉"文字下面自动带有下划线且文字的颜色按照配色方案中的"强调和超级链接"色彩发生了变化。

步骤3：设置返回跳转功能

（1）打开第二张幻灯片,参见图4-61。

（2）选取该幻灯片右下角的小房子图片。

（3）采用步骤2的方法,为该对象设置一个跳转到"目录一览"幻灯片的超链接。

图 4-61　第二张幻灯片

步骤4：测试超链接的跳转功能

（1）打开第1张幻灯片,播放演示文稿。

（2）将鼠标指针移到"花卉"文字上,鼠标指针变成了手形指针(参见图4-62),单击鼠标将跳转到"花卉"幻灯片上。

（3）浏览之后,单击小房子图片,返回"目录一览"幻灯片上。

（4）结束放映。

步骤5：保存并关闭演示文稿

任务2　创建分支式的演示文稿

步骤1：准备工作

（1）打开"分支式的演示文稿-子文稿.ppt"文件。

（2）切换到幻灯片浏览视图。

（3）选取所有幻灯片,单击"常用"工具栏上的"复制"按钮。

（4）打开"分支式的演示文稿-主文稿.ppt"并移到第5张幻灯片上,参见图4-63。

图 4-62　鼠标指针变为手形

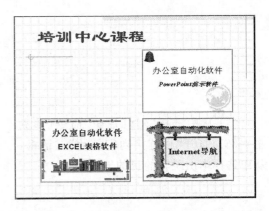

图 4-63　"分支式的演示文稿-主文稿"幻灯片

（5）选择"编辑|选择性粘贴"命令，打开"选择性粘贴"对话框，参见图 4-64。

（6）选择"Microsoft PowerPoint 演示文稿对象"选项，单击"确定"按钮，观察子文稿中的第一张幻灯片出现在该幻灯片上。

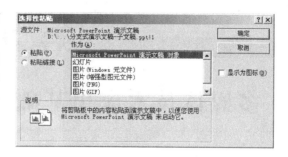

图 4-64　"选择性粘贴"对话框

（7）将它缩小后移到该幻灯片的左上角，参见图 4-65。

（8）利用绘图工具栏上的"线型"按钮，为这张小幻灯片添加边线。

步骤 2：设置分支式超链接

（1）为这张小幻灯片设置超链接效果。

🔍**说明**

在"动作设置"对话框的"超链接到"的下拉列表框中选择"其他 PowerPoint 演示文稿…"命令，找到"分支式的演示文稿-子文稿"文件，完成一系列其他的确认操作。

图 4-65　移动幻灯片

（2）单击"保存"按钮。

（3）切换到幻灯片放映视图进行播放。观察：将鼠标指针放在该幻灯片左上角的小幻灯片上，单击鼠标，它会进行子文稿的播放，播放完毕后，又回到这张幻灯片中。

步骤 3：关闭演示文稿

第 5 章

多媒体技术应用基础

入门实验一　图像处理

实验目的:通过以下 5 个练习任务,解决几种常见的图像处理问题。

实验要求:请配合阅读教材 6.4.1 和 6.5.2 节内容。

任务 1　素材图像的简单编辑和加工

步骤 1:了解任务需求

(1) 图 5-1 是一幅从 geocities 网站上下载的图片,该图片同其他从网上获取得大部分图片一样,底部列有图片版权信息。

图 5-1　素材图片

(2) 本练习任务将通过图片工具软件将图片底部的文字和左上角位置的标题内容去掉(参见图 5-2),掌握“画图”工具的基本编辑功能。

图 5-2　编辑后的图片

步骤 2:运行 Windows 系统自带的画图程序

(1) 单击“开始”按钮,打开“开始”菜单,选择“所有程序|附件|画图”程序图标 ,运行“画图”程序(图 5-3)。

(2) 观察“画图”程序工作界面,其中用于图像编辑加工的工具箱位于工作界面的左侧,底部为用于设置前景色和背景色的颜料箱,白色区域为画布,这是工作的主要场所。

技巧

读者可通过“编辑”菜单中对应的命令,控制工具箱、颜料箱在工作界面中的显示和隐藏状态。

画布大小的调整,可通过拖动画布四

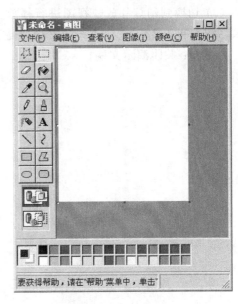

图 5-3　“画图”程序工作界面

周 8 个蓝色的小方块(控制句柄)来实现。

步骤 3：裁掉图片底部的文字内容

(1) 执行"文件|打开"命令,在弹出的"打开"对话框中,通过"查找范围"下拉列表找到具体的图像文件"多媒体上机-linux-text. bmp"。

(2) 单击"打开"按钮,"Linux-text. jpg"图像文件将出现在"画图"程序工作界面的画布区域中(图 5-4)。

图 5-4　打开的图像文件(部分)

(3) 观察图片四周出现 8 个蓝色的小方块(控制句柄),将鼠标指针移动到图片底部的下方块时,鼠标指针形状变为双向箭头(↕),参见图 5-5。

图 5-5　鼠标指向图片底部的控制句柄时的形状

(4) 按住鼠标不放,向上拖动,同时观察虚线边框(图 5-6),待虚线边框移过文字内容,释放鼠标,完成剪裁操作。

图 5-6　剪裁图片底部文字内容

(5) 观察底部文字被裁剪后的图片效果,参见图 5-7。

图 5-7　底部文字内容被剪裁后的图片

步骤 4：抹掉图片右上角的文字内容

(1) 用鼠标单击工具箱中的"选定"按钮▢,然后将鼠标指向图片的左上角,按住鼠标不放,在图片上拖出一个矩形虚线框,框住文字内容,参见图 5-8,释放鼠标。

图 5-8　选取左上角文字内容

（2）单击键盘上的 Delete 按键，删除所选中的图片区域，参见图 5-9。

图 5-9　删除选取区域内容

（3）单击工具箱中的"取色"按钮，鼠标指针形状变为"吸管"，将鼠标指向图片的深灰色背景位置处，参见图 5-10。

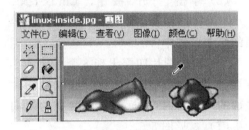

图 5-10　利用"取色"工具选取前景色

（4）单击鼠标，观察颜色箱中的前景色由默认的黑色改变为当前选中的深灰色，参见图 5-11，同时，系统自动选中"用颜色填充"按钮。

图 5-11　前景色由默认的黑色
改变为当前选中的深灰色

（5）将鼠标指向图片的左上角位置（删除文字后的空白区域），参见图 5-12。

图 5-12　使用前景色填充空白区域

（6）单击鼠标，即可将前景色填充到空白区域中，完成将图片左上角文字内容去掉的操作，最终效果图参见图 5-13。

图 5-13　素材图片

技巧

鼠标左键用于选择前景色，鼠标右键用于选择背景色。

步骤 5：保存图片

执行"文件|保存"命令，保存图片。

任务 2 设置素材图像的背景色透明效果

步骤 1：了解任务需求

（1）观察图 5-13，这是任务 1 编辑后的图片，如果读者没有保存，请打开 linux-2.jpg 素材图片。

（2）本练习任务将通过图像处理工具将图片背景色设置为某种单一的颜色，然后插入文档中，利用"图片"工具栏中的"设置透明色"工具，将插图背景设置为透明效果，使插图与文字内容融为一体（图 5-14），掌握"Photoshop 图像处理软件"工具的简单编辑功能。

步骤 2：运行 Photoshop 图像处理软件

（1）单击"开始"按钮，打开"开始"菜单，选择"程序｜Adobe｜Photoshop 6.0"程序图标，运行"Photoshop 图像处理软件"程序（图 5-15）。

（2）Photoshop 是一个专业图像处理软件，读者可以从它的工作界面的复杂程度上感受到这一点：界面中默认显示着工具箱、选项工具栏以及 3 个控制面板窗口。

技巧

读者可通过"编辑"菜单中对应的命令，控制工具箱、选项工具栏、控制面板窗口在工作界面中的显示和隐藏状态。

步骤 3：打开 JPEG 格式的图像文件

（1）执行"文件｜打开为"命令，在弹出的"打开为"对话框中，首先将"打开为"设置为"JPEG(＊.JPG；＊.JPE)"（图 5-16），然后通过"查找

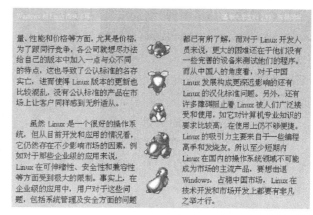

图 5-14　将文档插图设置透明背景色效果

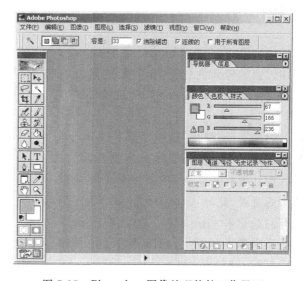

图 5-15　Photoshop 图像处理软件工作界面

图 5-16　打开 JPEG 格式的图像文件

范围"下拉列表找到具体的图像文件"多媒体上机-linux.jpg"。

(2) 单击"打开"按钮,"Linux-text.jpg"图像文件将出现在"Photoshop 图像处理"程序工作界面中(图 5-17)。

(3) 单击工具箱中的"缩放工具"按钮 🔍,观察菜单栏下方的选项工具栏变为"缩放"选项工具栏(图 5-18),单击 实际像素 按钮,将打开的图片设置为以实际尺寸(100%)显示。

步骤 4:去掉图片的背景

(1) 单击工具箱中的"魔棒工具"按钮 ※,观察菜单栏下方的选项工具栏变为"魔棒"选项工具栏(图 5-19)。

(2) 在"容差"文本框中输入 32,将鼠标指向图像背景区(图 5-20),鼠标指针变为"魔棒"工具形状※。

(3) 单击鼠标,Photoshop 将以鼠标所在位置的像素的色彩,在"容差"设置的范围内选取四周颜色相近的内容(图 5-21)。

(4) 单击"魔棒"选项工具栏上的"添加到选区"按钮🔲,将鼠标指向图像,此时鼠标指针形状变为※,用鼠标单击其余未选中的背景,此时,新选中的区域将添加到现有的选区中(图 5-22)。继续在未选中的背景中单击鼠标,直到图像背景全部被选中(图 5-23)。

(5) 按下键盘上的删除键 Delete,即可将该图像中的背景去掉(图 5-24)。

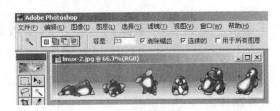

图 5-17 打开的图像文件(部分)

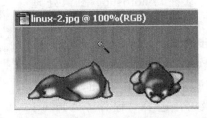

图 5-18 "缩放"选项工具栏

图 5-19 "魔棒"选项工具栏

图 5-20 鼠标指针形状变为"魔棒"工具

图 5-21 利用"魔棒"工具选取图像背景

图 5-22 利用"魔棒"工具进行多次选取

图 5-23 将图像背景全部选中

图 5-24 删除背景后的图像

说明

"容差"值的有效范围是 0 到 255 像素。输入较小值以选择与所点按的像素非常相似的颜色，输入较高值以选择更宽的色彩范围。

步骤 5：旋转图像

（1）执行"图像|旋转画布|90 度（顺时针）"命令，将整幅图像从原来的水平显示改变为垂直显示（图 5-25）。

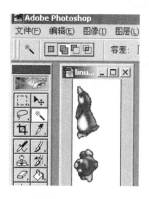

图 5-25　旋转 90 度后的图像（局部）

（2）单击工具箱中的"矩形选框工具"按钮，在图像上，按住鼠标拖出一个矩形框框住编辑对象，参见图 5-26。

图 5-26　利用"矩形选框"工具选取编辑对象

（3）执行"编辑|变换|旋转 90 度（逆时针）"命令，效果参见图 5-27。

图 5-27　执行逆时针旋转后的效果

（4）单击工具箱中的"移动工具"按钮，将编辑对象做水平移动调整（图 5-28）。

图 5-28　调整编辑对象的水平位置

（5）执行"编辑|变换|缩放"命令，观察编辑对象四周出现 8 个小方块（控制句柄），参见图 5-29（a），将鼠标指向编辑对象右下角句柄位置处，鼠标指针形状变为，按住鼠标不放，将编辑对象的尺寸调整到能够放置于画布中即可，参见图 5-29（b）。

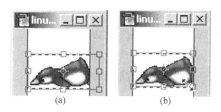

（a）　　　　　　（b）

图 5-29　缩放前后的图像效果

(6) 用鼠标单击工具箱中的其他任意工具按钮，屏幕将弹出确认对话框(图5-30)，单击“应用”按钮，完成编辑对象的旋转和缩放变换操作。

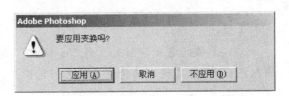

图 5-30　确认“变换”操作的对话框

(7) 使用上述方法将其余的对象分别进行编辑，最终效果可参考图5-31。

技巧

图像中的第3个编辑对象可采用“编辑”/“自由变换”菜单命令实现自由旋转，参见图5-32。

请对比“编辑|变换”命令和“图像|旋转画布”命令的区别。

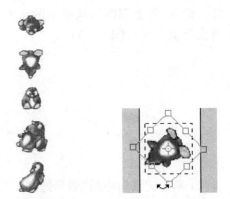

图 5-31　完成编辑后的图像

图 5-32　自由旋转效果

步骤 6：保存图片

执行“文件|另存为”命令，将编辑后的图片以“多媒体-linux-bg”名称保存。关闭PhotoShop应用程序。

步骤 7：插入图片

(1) 打开 Word 文档“多媒体技术应用上机-样例 1. doc”，将插入光标移动到第3页，参见图5-33。

Windows 与 Linux 谁执牛耳　　清华大学文科2班　陈晨同学

量、性能和价格等方面，尤其是价格，为了跟同行竞争，各公司就想尽办法给自己的版本中加入一点与众不同的特点，这也导致了公认标准的名存实亡，进而使得 Linux 版本的更新也比较混乱，没有公认标准的产品在市场上让客户同样感到无所适从。

虽然 Linux 是一个很好的操作系统，但从目前开发和应用的情况看，它仍然存在不少影响市场的因素，例如对于那些企业级的应用来说，Linux 在可伸缩性、安全性和兼容性等方面受到极大的限制。事实上，在企业级的应用中，用户对于这些问题，包括系统管理及安全方面的问题都已有所了解，而对于 Linux 开发人员来说，更大的困难还在于他们没有一些完善的设备来测试他们的程序。而从中国人的角度看，对于中国 Linux 发展构成更深远影响的还有 Linux 的汉化标准问题。另外，还有许多障碍阻止着 Linux 被人们广泛接受和使用，如它对计算机专业知识的要求比较高，在使用上仍不够便捷。Linux 的吸引力主要来自于一些编程高手和发烧友。所以至少短期内 Linux 在国内的操作系统领域不可能成为市场的主流产品，要想击退 Windows，占稳中国市场，Linux 在技术开发和市场开发上都要有非凡之举才行。

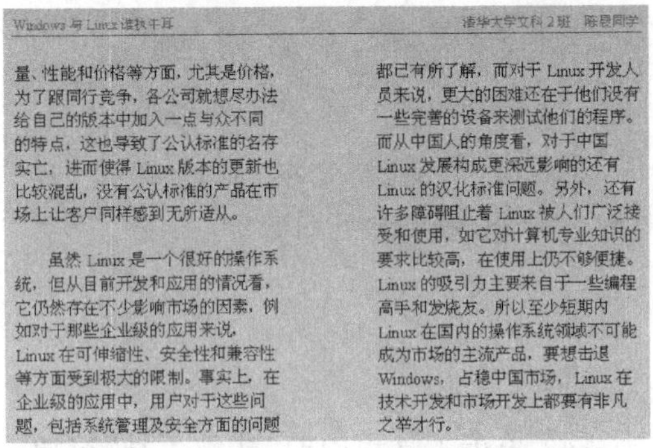

图 5-33　待插入图片的文档位置

(2) 执行“插入|图片|来自文件”命令，在弹出的“插入图片”对话框中选择具体的图片文件“多媒体-linux-bg. jpg”，单击“插入”按钮。执行“格式|图片”命令，在“设置图片格式”对话框中的“版式”选项卡中，将该图片的文字环绕方式设置为“紧密”型，单击“确定”按钮。通过拖动图片，调整图片的插入位置，参见图5-34。

给自己的版本中加入一点与众不同的特点，这也导致了公认标准的名存实亡，进而使得 Linux 版本的更新也比较混乱，没有公认标准的产品在市场上让客户同样感到无所适从。

虽然 Linux 是一个很好的操作系统，但从目前开发和应用的情况看，它仍然存在不少影响市场的因素，例如对于那些企业级的应用来说，Linux 在可伸缩性、安全性和兼容性等方面受到极大的限制。事实上，在企业级的应用中，用户对于这些问题，包括系统管理及安全方面的问题都已有所了解，而对于 Linux 开发人员来说，更大的困难还在于他们没有一些完善的设备来测试他们的程序。而从中国人的角度看，对于中国 Linux 发展构成更深远影响的还有 Linux 的汉化标准问题。另外，还有许多障碍阻止着 Linux 被人们广泛接受和使用，如它对计算机专业知识的要求比较高，在使用上仍不够便捷。Linux 的吸引力主要来自于一些编程高手和发烧友。所以至少短期内 Linux 在国内的操作系统领域不可能成为市场的主流产品，要想击退 Windows，占稳中国市场，Linux 在技术开发和市场开发上都要有非凡之举才行。

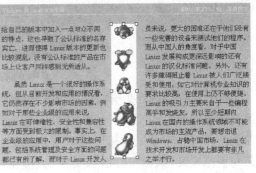

图 5-34　插入图片

（3）单击"图片"工具栏上的"设置透明色"按钮✎，鼠标指针形状变为✎，将鼠标指向图片背景位置处单击鼠标，观察效果参见图 5-35。

🔍**思考**

请对比 5-35 与图 5-14，思考如何解决图片中企鹅肚皮的透明问题？理解 Word 提供的设置透明色的工作原理。

任务 3　图像的色彩修整

任务说明：多数情况下，用扫描仪或数字相机拍摄的数字影像都需要根据最终创作目的进行相应的色彩调整，通过正确的调整，可能使更多的图像变废为宝。进行色彩调整前一定要对显示系统进行校正，这样色彩修正才更有意义。

步骤 1：准备工作

（1）运行 Photoshop 图像处理软件。

（2）执行"文件|打开"命令，打开照片文件"色彩修整.tif"（图 5-36）。该样例就是一张在雾天拍摄的照片，色彩不够鲜艳，经过以下操作调整后，将得到一幅非常满意的图片。

步骤 2：调整色彩

（1）执行"图像|调整|色阶"命令，打开"色阶"对话框，参见图 5-37。

（2）调整 RGB 色阶值至适当位置（图 5-38），单击"好"按钮，确定操作。

图 5-35　设置透明效果

图 5-36　进行色彩修整的练习图像

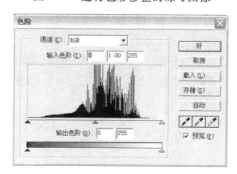

图 5-37　"色阶"对话框

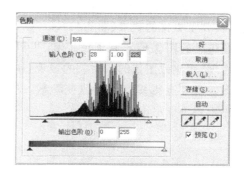

图 5-38　调整 RGB 色阶值

说明

根据图像类型不同,调节的参数会有较大差别,应以预览图像符合最终要求为准。

这里需要依靠读者对最终图像质量的视觉评价来确定参数,因此无法给出一个万能的调整参数,读者必须训练自己的眼睛,学会判断图像质量,明确自己需要什么样的图像,然后才是用 Photoshop 调整图像。

(3) 执行"图像|调整|色阶"命令,打开"色阶"对话框,通过分别调整红、绿、蓝三通道的色阶值至适当位置(这里无法给出通用的参考值,原因同上),参见图5-39,单击"好"确定。

提示

操作(3)的调节方法可以用来调整因光线色温原因而导致的图像偏色。

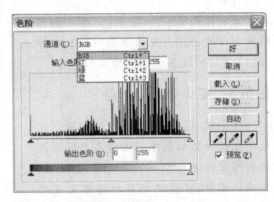

图 5-39　分别调整红、绿、蓝三通道的色阶值

步骤3:调整饱和度

(1) 执行"图像|调整|色相/饱和度"命令,打开"色相/饱和度"对话框(图5-40)。

(2) 在"色相/饱和度"窗口,调整饱和度值至适当位置,参考值见图5-40,单击"好"按钮确定。

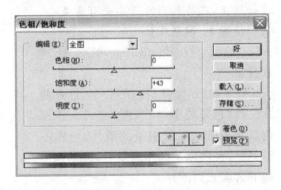

图 5-40　调整饱和度

步骤4:比较调整前后的图像的效果

可以看出通过对图像进行适当的色彩修整,得到了更佳的效果(图5-41)。

调整后的图像色彩有了更饱和、更鲜明的表现,相比原图像的灰蒙蒙的表现,调整后图像要漂亮得多。如果改变参数,图像的色彩还可以更饱和、更浓烈。

(a)调整前图像　　　　　　　　(b)调整后图像

图 5-41　调整前后的对比

任务 4　图像的形状修整

在拍摄过程中受镜头透视的影响,许多情况下无法拍摄出所需要透视的图片,传统的解决方案是使用专业的大型机背取景相机,这种设备操作复杂成本高,现在可以利用 Photoshop 中的形状调整工具改变图像的透视,实现同样的效果。这一功能在拍摄建筑图片时非常有用。

步骤 1:准备工作

(1) 执行"文件|打开"命令,打开照片文件"形状修整.tjpg"(图 5-42)。

图 5-42　样例照片

(2) 使用工具栏中的"选择"工具,选取图像需保留部分,参见图 5-42 中的虚线框,执行"图像|裁切"命令。

(3) 执行"图层|复制图层"命令,打开"复制图层"对话框,将"背景"图层复制为"背景副本",单击"好"按钮,确定图层复制操作,观察"图层"面板(图 5-43),复制的图层出现在"背景"图层上方。

图 5-43　"图层"面板

步骤 2:修整形状

执行"编辑|变换|扭曲"命令,在文件边框周围出现了选取虚线,通过调整图像的透视,达到理想的效果,参见图 5-44。

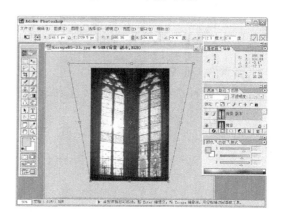

图 5-44　修整形状

步骤 3:比较调整前后的图像的效果

参见图 5-45,可以看出通过对该图像进行适当的透视调整后,可以得到更佳的效果。

(a) 调整前图像　　　　(b) 调整后图像

图 5-45　调整前后的对比

任务 5　图像的特技效果

步骤 1：准备工作

执行"文件|打开"菜单命令，打开照片文件"图像特效.jpg"(图 5-46)。

步骤 2：准备工作

(1) 单击工具栏中的"魔棒"选择工具，执行"选择|反选"命令，选中两朵红花，参见图 5-47。

图 5-46　样例照片　图 5-47　选取特效应用对象

(2) 执行"滤镜|艺术效果|彩色铅笔"命令，打开"彩色铅笔"对话框(图 5-48)，对参数值调整至适当位置，单击"好"按钮，确定参数值设定。调整后的效果图参见图 5-49。

🔍**说明**

参数值以最终视觉效果确定，请读者调节不同的参数观察不同效果。

图 5-48　"彩色铅笔"对话框

步骤 3：准备工作

(1) 执行"选择|反选"命令，选取绿色背景部分(图 5-50)。

图 5-49　调整后的效果图　图 5-50　反选背景

(2) 执行"滤镜|像素化|晶格化"菜单命令，打开"晶格化"对话框，参见图 5-51，调整参数值至适当位置，点击"好"按钮，效果参见图 5-52。

(3) 比较调整前后的图像，可以看出通过对图像进行适当的特持效果加工，可以得到更佳的效果。

图 5-51　晶格化窗口　图 5-52　调整后效果图

入门实验二　动画制作

　　实验目的：通过以下 5 个练习任务，掌握如何利用 Flash 工具软件制作动画。

　　实验要求：请配合阅读教材 6.5.5 节内容，该实验采用 Flash 5.0 版本介绍。

任务 1　元件的创建和编辑

　　步骤 1：运行 Flash 动画制作程序

　　(1) 双击 Flash 程序图标 ，运行"Flash 动画制作软件"程序。

　　(2) 观察 Flash 工作界面，其中除了常见的菜单条、工具箱外，将在后续的练习中熟悉"场景主窗口"、"时间轴窗口"、"图层区"、"面板"等体现 Flash 功能特色的界面元素(图 5-53)。

　　步骤 2：创建图形类元件

　　(1) 执行"插入|创建新元件"命令，弹出"创建新元件"对话框(图 5-54)。

　　(2) 在"名称"框中为所创建的元件命名，比如"FlashBg"，将行为设置为"图形"，单击"确定"按钮，进入编辑该元件的窗口(图 5-55)。

图 5-53　Flash 工作界面

图 5-54　"创建新元件"对话框

图 5-55　元件编辑窗口

（3）观察工作区窗口左上方出现的元件名称标签 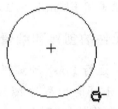 FlashB。，表明当前位于专门编辑该元件的编辑窗口。编辑窗口右上方的"编辑场景"按钮 和"编辑元件"按钮 用以在场景或元件之间进行切换。

步骤 3：绘制图形类元件

（1）单击工具箱中的"绘制椭圆"的按钮○，然后单击工具箱底部的"无填充色"按钮。

（2）鼠标指向编辑窗口中心十字处，按住 Alt＋Shift 键的同时，按住鼠标左键并拖动，即可画出一个中心点位于十字处的正圆，参见图 5-56，释放鼠标，完成"空心"正圆绘制操作。

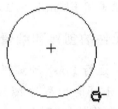

图 5-56　绘制一个正圆

（3）单击"绘制线条"的工具按钮 ，按住 shift 键的同时，在正圆图形上画出一条水平线。采用同样的方法画出一条垂直线，参见图 5-57。

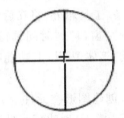

图 5-57　绘制等分正圆的两条直线

技巧

如何绘制等分正圆的直线？

首先单击"选择工具"按钮 ，选中绘制的直线（图 5-58（b）），然后单击窗口底部"属性"面板，获得该图形的尺寸和坐标信息，比如图 5-58（a），"宽"114，"高"114；"X"－57，"Y"－7。

同理，获得绘制的直线的尺寸和坐标信息，比如图 5-59（a），直接在"宽"参数框中输入 114，在"Y"框中输入 0，即可将该水平线设置为水平等分正圆的线，参见图5-59（b）。

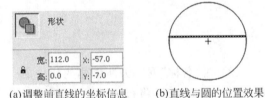

（a)调整前直线的坐标信息　　　（b)直线与圆的位置效果

图 5-58　绘图效果示例

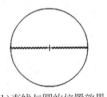

（a)调整后直线的坐标信息　　　（b)直线与圆的位置效果

图 5-59　绘图效果示例

步骤 4：编辑图形类元件

（1）如果界面中没有出现"混色器"面板，可执行"窗口|设计面板|混色器"命令，打开"混色器"面板（图 5-60），观察系统默认的填充模式为"纯色"，单击右侧的下拉按钮，从中选择"线性"填充模式（图 5-61）。

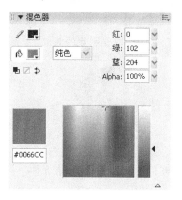

图 5-60　"混色器"面板

图 5-61　设置为"线性"填充模式的"混色器"面板

（2）单击设置前景色的按钮，然后单击"色彩选取"按钮，打开调色板，从中选择绿色，即从当前的"绿色"前景色渐变到"白色"背景色（图 5-62）。

图 5-62　设置线性填充的前景色

（3）单击"颜料填充"工具按钮，将鼠标指向其中一个扇面，参见图 5-63（a），按住鼠标拖动出一条渐变填充线，释放鼠标，完成填充操作，参见图 5-63（b）。

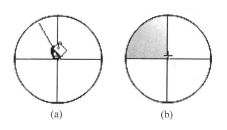

（a）　　　　　　　（b）

图 5-63　在指定区域中进行渐变填充

（4）参照操作（3），完成对角扇面的填充（图 5-64）。

（5）参照操作（2）～（4），将填充前景色设置为蓝色，完成另外两个扇面的填充（图 5-64）。

图 5-64　完成填充处理的效果

（6）单击"选择工具"按钮 ，将鼠标指向扇面弧线，观察鼠标指针形状（图 5-65(a)），单击鼠标，选取弧线（图 5-65(b)），按下键盘上的删除键 Delete，删除选中的弧线。依次将图形中的线条删除，最终完成效果参见图 5-66。

步骤 5：保存文件

（1）执行"文件|保存"命令，打开"另存为"对话框将当前编辑的内容以源文件形式".fla"，文件名为"newsymbol"保存在指定的位置。

（2）单击"保存"按钮，观察程序窗口标题栏上出现"newsymbol.fla"，即新命名的文件名。

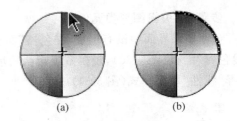

图 5-65　选取要删除的对象

图 5-66　完成后的 FlashBg 元件

💡**说明**

Flash 以 *.fla（图标为 ）为其源文件，以 *.swf（图标为 ）为生成的效果文件（就是平时网上下载的动画格式）。随着应用的不断推广，Flash 也可以生成 *.exe（图标为 ）文件，在没有安装 Flash 的机器上很好地直接运行。通过格式的转化，还可以将动画变为 *.html、*.mov 等。

任务 2　元件的应用和修改

步骤 1：打开元件库

（1）单击窗口左上方场景标签 场景1，切换到场景窗口（如果不能继续前一个任务练习，请通过"文件|打开"命令，打开本次任务的练习文件"newsymbol.fla"）。

（2）如果界面中没有出现"元件库"窗口，可执行"窗口|库"命令，打开"元件库"窗口，单击"名称"列中的 FlashBg 元件，该元件内容显示在上方内容框中（图 5-67）。

图 5-67　"元件库"窗口

💡**说明**

一个 Flash 动画可以由许多不同属性的元件互相搭配组成。而元件库就好像影片中的演员表，里面的每个演员可以扮演多个角色。只要把元件库中的元件拖放到场景中，就可以创建一个相应的实例，就像演员到了舞台上便成了角色一样。

步骤 2：应用元件

（1）鼠标指向 FlashBg 元件图标，按住鼠标不放，将该元件拖放到场景窗口中，释放鼠标，FlashBg 元件将出现场景中。

（2）重复操作（1）两次，参见图 5-68，场景窗口中出现 3 个 FlashBg 图形类元件。

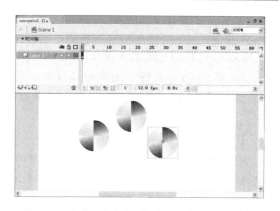

图 5-68　将"元件库"中指定的元件拖放到场景

（3）观察当前选中的图形四周由绿色边框线标识，同时以符号"＋"显示该元件的"中心点"。

步骤 3：在场景中编辑元件

（1）缩放图形：参见图 5-69，选中图形，执行"修改|变形|缩放"命令，观察该图形四周出现 8 个控制句柄（小方块），参见图 5-69。

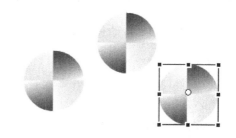

图 5-69　将选中对象设置为缩放编辑状态

![技巧]

也可采用单击工具箱底部的"缩放"按钮，快速设定该对象的缩放编辑状态。

（2）将鼠标指向缩放控制句柄，参见图 5-70（a），按住鼠标并拖放到某一位置，释放鼠标完成缩放图形操作，参见图 5-70（b）。

（3）旋转图形：单击工具箱底部的"旋转"按钮（或执行"修改|变形|旋转与倾斜"命令），观察该图形四周出现 8 个控制句柄（方块）。

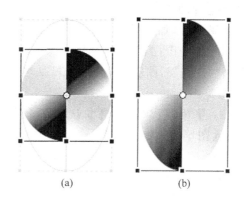

(a)　　　　　　　(b)

图 5-70　缩放图形

（4）将鼠标指向旋转控制点，参见图 5-71（a），按住鼠标并拖放到某一位置，释放鼠标完成旋转图形操作，参见图 5-71（b）。

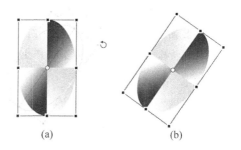

(a)　　　　　　　(b)

图 5-71　旋转图形

🔍**思考**

观察此时"元件库"中的 FlashBg 图形是否发生变化? 如果直接双击"元件库"中的 FlashBg 图形,打开该图形元件的编辑窗口,在其中进行以上步骤(3)的操作,待操作结束后,返回场景窗口,场景放置的图形会有什么变化? 为什么?

🔍**注意**

如果修改元件(symbol)本身,那么,所有场景中的这个元件都会相应的改变。而如果修改某个场景中的这个元件,其修改结果不会反馈回"元件库"。

步骤 4:保存文件

执行"文件|另存为"命令,重新命名该文件,比如"newsymbol-finished.fla"。

任务 3　制作简单的动画

步骤 1:准备工作

(1)"文件|打开"命令,打开本次任务的练习文件"newsymbol.fla"。

(2)打开"元件库"窗口,将 FlashBg 图形元件拖放到场景窗口中。

(3)观察拖放前和拖放后,图层区和时间轴的变化,参见图 5-72。

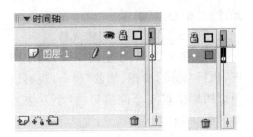

图 5-72　"图层 1"中的第一帧由空白帧变为关键帧

步骤 2:增加新图层

(1)单击图层区底部的"插入图层"按钮 ，增加新图层,图层名采用系统默认名称"图层 2"参见图 5-73(a)。

(2)更改图层名:双击默认图层名"图层 2",进入图层名称编辑状态,输入新的图层名,比如"Flash",参见右图 5-73(b),按下回车键,完成图层更名操作。

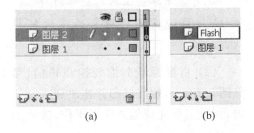

(a)　　　　　　　(b)

图 5-73　增加新图层

🔍**说明**

图层就是在场景上规划出的虚拟层。在这些不同的层上放进各自的对象,这些不同层上的对象除非通过特殊设置,否则不会互相产生影响。

步骤 3:编辑新图层

(1)单击"文本工具"按钮 **A**,在场景窗口中的 FlashBg 图形位置处拖处一个区域,参见图 5-74(a),插入光标出现在设定的区域中。

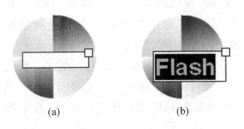

(a)　　　　　　　(b)

图 5-74　增加新图层

（2）执行"文本"菜单中的相关命令，设置文字字号为 24、粗体样式、Arial 字体。

（3）输入文字内容"Flash"，参见图 5-74(b)。观察"Flash"图层第 1 帧变为关键帧。

（4）单击"选择工具"按钮，将鼠标指向文字，选取"Flash"文字，单击"任意变形"工具按钮，通过缩放控制句柄，将文字大小调整到充满背景图形宽度。

（5）整体移动文字位置，使文字与背景图形居中，参见图 5-75。

步骤 4：制作空心字效果

（1）单击场景窗口左下方的"显示比例"列表按钮，从中选择"显示全部"项（图 5-76），此时场景中的内容充满整个窗口。

（2）单击"图层 1"的"显示/隐藏图层"选项，将该图层设置为隐藏，参见图 5-77，观察场景窗口中仅显示"Flash"图层中的文字内容。

（3）选取"Flash"文字，执行"修改|分离"命令，文字被分离为单个字母（图 5-78）。再次执行"修改|分离"命令，即可"打散"文字，打散后的文字将被当作图形处理（图 5-79）。

（4）单击"墨水瓶工具"按钮，将笔触颜色设为黄色，观察鼠标指针形状的变化，将鼠标指向字母"F"，单击鼠标，参见图 5-80，依次将其他字母的轮廓勾画出来。

图 5-75　调整文字大小和位置

图 5-76　调整场景窗口中的内容显示比例

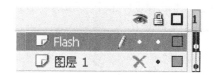

图 5-77　隐藏"图层 1"图层中的内容

图 5-78　执行 1 次分离操作后的文字

图 5-79　"打碎"后的文字将视为图形处理

图 5-80　勾画文字轮廓

(5) 单击"选择工具"按钮，按住鼠标拖出一个矩形框框住"Flash"文字，选取整个文字，设置"属性"面板上的直线粗细为 2 。

图 5-81　选取文字填充色

(6) 通过鼠标单击操作，同时按住 Shift 键，依次选取文字的填充色，参见图 5-81。

(7) 按下删除键 Delete，制作空心字效果，参见图 5-82。

图 5-82　制作空心字效果

(8) 单击"选择工具"按钮，按住鼠标拖出一个矩形框框住"Flash"文字，参见图 5-83(a)，释放鼠标，选中"Flash"文字，参见图 5-83(b)。

(a)　　　　　　　　　　(b)

图 5-83　选取文字

(9) 执行"修改|组合"命令，将打散的文字重新组合为文本，参见图 5-84。

图 5-84　执行"组合"命令后的效果

(10) 单击"Flash"图层中的第 10 帧，参见图 5-85。

图 5-85　选中"Flash"图层的第 10 帧

(11) 执行"插入|时间轴|关键帧"命令，在第 10 帧中插入"关键帧"(图 5-86)。系统自动将 2～9 帧以"普通帧"填充(以灰色底纹表示)。

图 5-86　在"Flash"图层中的第 10 帧插入关键帧

（12）鼠标右键单击"Flash"图层中的第 1 帧，从弹出的菜单中选择"创建补间动画"命令（图 5-87）。释放鼠标，观察"Flash"图层，参见图 5-88，Flash 自动计算出过渡帧的内容，由于中间的变化过程是自动生成，因此属于普通帧（配有一条箭头指示线表明渐变的时间范围）。

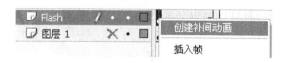

图 5-87　创建补间动画

图 5-88　Flash 自动计算出过渡帧的内容

（13）通过"属性"面板，设置动画为顺时针旋转效果 1 次，参见图 5-89。

图 5-89　设置旋转动画

（14）按下回车键（或执行"控制|播放"命令），播放动画。观察动画从第 1 帧播放到第 10 帧的效果："Flash"文字按顺时针方向旋转。

（15）单击"图层 1"中的"隐藏图层"选项 ✘，显示该图层中的内容。

（16）单击"图层 1"中的第 10 帧，执行"插入|时间轴|帧"命令，在第 10 帧中插入"普通帧"，参见图 5-90。

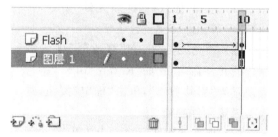

图 5-90　插入普通帧

（17）按下回车键，播放动画。观察"Flash"文字在背景图上按顺时针方向旋转。

步骤 5：保存文件

执行"文件|另存为"命令，重新命名该文件。

🔍**说明**

时间轴以"帧"为单位，生成的动画以"每秒 n 帧"（fps）的速度进行播放。因此，在 Flash 动画中多增加一些数据"帧"，可使播放时间持续长一点。

●表示该帧是"关键帧"，是指在动画表演过程中，该帧的表演内容与先前的一些普通帧内容大不相同，而呈现出关键性的动作或内容的变化（只有关键帧中的内容才能够被选取和编辑）。

▨表示普通帧，其内容只需参看前面的关键帧内容。

使用创建补间动画命令，由 Flash 自动计算出过渡帧的内容，产生出"移动渐变"的动

画,具体包括以下几种类型的动画:

- 对象基础位置的渐变
- 对象大小、颜色、透明度的渐变
- 对象形状的渐变
- 使用"导引线"的移动渐变

任务 4　元件制作与编辑

步骤 1:准备工作

(1) 执行"文件|打开"命令,打开本次任务的练习文件"newsymbols.fla"。

(2) 单击"图层 1",选中该图层的所有内容帧,按住 Shift 键,同时单击"图层 2",选中该图层的所有内容帧(图 5-91)。

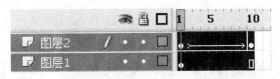

图 5-91　"图层 1"中的第 1 帧由空白帧变为关键帧

(3) 单击鼠标右键,从快捷菜单中选择"复制帧"命令,复制所选取的内容帧。

步骤 2:创建"影片片段"元件

(1) 选择"插入|创建新元件"命令,打开"创建新元件"对话框。

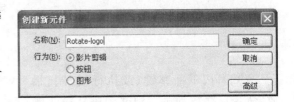

图 5-92　创建"影片片段"元件

(2) 参见图 5-92,在"名称"框中为所创建的元件命名,比如"Rotate-logo",将行为设置为"影片剪辑",单击"确定"按钮,进入编辑该元件的窗口。

(3) 观察工作区窗口左上方出现的元件名称标签 Rotate-logo,表明当前位于专门编辑该元件的编辑窗口。

(4) 鼠标右键单击"图层 1"中的第 1帧,从快捷菜单中选择"粘贴帧"命令,将步骤 1 复制的内容帧粘贴进来,参见图 5-93。

(5) 单击"图层 1",选中该图层的所有内容帧,按住 Shift 键,同时单击"图层 2",选中该图层的所有内容帧,通过设置"属性"面板上该图形的坐标信息,比如,"X"—42.5 和"Y"—42.5,使图形中心与影片剪辑编辑窗口中的中心点重合。

(6) 按下回车键,播放动画。观察"Flash"文字在背景图上按顺时针方向旋转。

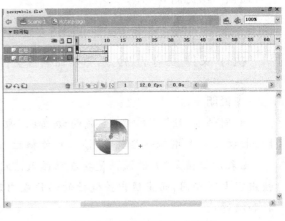

图 5-93　粘贴复制的内容帧

（7）单击"元件库"列表框中的"Rotate-logo"元件，该元件内容出现在上方内容框中，参见图 5-94，单击右上角的播放按钮▶，同样可观察该影片剪辑的效果。

步骤 3：保存文件

执行"文件|另存为"命令，重新命名该文件，比如"newsymbols-temp. fla"。

步骤 4：创建"按钮"元件

（1）选择"插入|创建新元件"命令，打开"创建新元件"对话框，在"名称"框中为所创建的元件命名，比如"Play"，将行为设置为"按钮"，单击"确定"按钮，进入编辑该元件的窗口。

（2）观察"按钮"元件的编辑界面（图 5-95），其中只包含按钮 4 种状态的编辑帧：弹起、鼠标经过、按下和点击。

图 5-94 "元件库"中的"影片片段"元件

🔍 **说明**

按钮具有感应鼠标的特殊功能，因此它的制作也与其他元件大不一样。"点击"状态在任何时候都不会显现出来，它用于设置鼠标的感应区域，若不设置，则默认为"弹起"状态所指的区域。

步骤 5：编辑"按钮"元件

（1）编辑按钮"弹起"状态

① 单击"弹起"帧，从"元件库"中，将 FlashBg 图形元件拖放到编辑窗口中。

② 通过"属性"面板上该图形的坐标值参数的设置（比如"X"－42.5 和"Y"－42.5），将 FlashBg 图形与元件的中心点重合，参见图 5-96。

（2）编辑按钮"鼠标经过时的状态"

① 单击"鼠标经过"帧，执行"插入|时间轴|关键帧"命令，观察"弹起"帧中的内容自动承接过来，删除 FlashBg 图形。

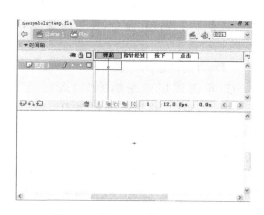

图 5-95 "按钮"元件的编辑界面

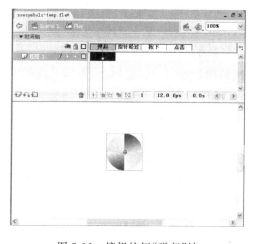

图 5-96 编辑按钮"弹起"帧

② 将 Rotate-logo 影片剪辑从"元件库"中拖放到编辑窗口中,通过"属性"面板上该图形的坐标值参数的设置(比如"X"－42.5和"Y"－42.5),将 Rotate-logo 影片剪辑与中心点重合。

(3) 编辑按钮"被按下时的状态"

① 单击"按下"帧,执行"插入|时间轴|关键帧"命令,按下 Delete 按键,删除"鼠标经过"帧中自动承接过来的 Rotate-logo 影片剪辑内容。

② 选择"弹起"帧,单击鼠标右键,从快捷菜单中选择"复制帧"命令,复制所选取的内容帧。

③ 选择"按下"帧,单击鼠标右键,从快捷菜单中选择"粘贴帧"命令,粘贴所选取的内容帧(图 5-97)。

(4) 为按钮添加音效

① 单击图层区底部的"插入图层"按钮，增加新图层,将该图层更名为"Sound",参见图 5-98。

② 选中"Sound"图层中的"按下"帧,执行"插入|时间轴|关键帧"命令,插入关键帧,将"元件库"中的"Remind"声音拖放到编辑窗口中,参见图 5-99,声音文件内容不直接反映在编辑窗口中,但其音效将在时间轴中指定的帧中体现,实现鼠标单击该按钮后,发出"Remind"音效。

(5) 单击窗口左上方场景标签 Scene 1,切换到场景窗口,完成"Play"按钮元件的创建。

步骤 6:测试"按钮"元件

(1) 增加新图层"button",将"元件库"中的"Play"按钮元件拖放到场景窗口中。

(2) 执行"控制|启用简单按钮"命令,将鼠标指向按钮实例,即可测试按钮效果:当鼠标指向按钮时,Rotate-logo 影片内容开始播放,单击按钮时,按钮外观恢复为一般状态,同时发出Remind 音效,参见图 5-100。

图 5-97　编辑按钮"被按下时的状态"

图 5-98　新增放置音乐的图层

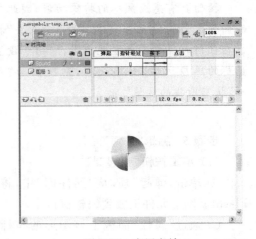

图 5-99　应用音效

按钮弹起状态　鼠标指向按钮状态　按钮按下状态

图 5-100　"Play"按钮工作情况

步骤 7：发布 Flash 动画影片

执行"控制|测试影片"命令(或按下组合键 Ctrl＋Center)，进行动画发布，参见图 5-101，输出一旦完成，即进入播放状态。

图 5-101　输出 Flash 动画

步骤 8：保存文件

执行"文件|另存为"命令，重新命名该文件，比如"newsymbols-finished.fla"。

📖 **说明**

在 Flash 中，一共包括 3 类元件：图像、按钮和影片片段。其中，图像(graphic)📷代表普通静态的图形文件对象；按钮(button)📇是指能够对鼠标移动、单击等事件做出反应的对象；影片片段(movie clip)📷是一段独立的视频文件，可以被镶嵌在主电影的某一帧内。它可以自己控制播放或者停止，并且还可以与其他角色，如图形角色、按钮角色及其他影片片段，甚至是动作脚本配合使用，使动画更加的丰富多彩。

任务 5　综合练习

步骤 1：准备工作

(1) 执行"文件|新建"命令，创建新动画文件。

(2) 执行"文件|导入|打开外部库"命令，打开素材文件"Movie-data.fla"的"元件库"，参见图 5-102。

(3) 执行"文件|导入|导入到库"命令，打开"导入到库"对话框，从中指定具体的音乐文件，比如📷sound-demo.WAV，单击"打开"按钮，将音乐素材文件导入该动画文件对应的"元件库"中。

步骤 2：设置动画文档属性

(1) 执行"修改|文档"命令，打开"文档属性"对话框，参见图 5-103。

图 5-102　"Movie-data.fla"文件的"元件库"

图 5-103　动画属性设置对话框

(2) 设置动画播放速度"帧频"为每秒 10 帧,场景尺寸:"宽"320 像素、"高"300 像素,"背景颜色"为深蓝色(#000066)。

(3) 单击"确定"按钮,完成动画文档初始属性的设置。请观察动画场景大小、背景色等变化。

步骤 3:制作遮罩效果的标题

(1) 单击图层区底部的"插入图层"按钮🔁,增加新图层,更名为"Mask"。

(2) 单击"Mask"图层的第 11 帧,然后从"Movie-data. fla"文件的"元件库"中将"Title"图形元件移至场景中央(图5-104)。

图 5-104　将"Title"图形元件放置在第 11 帧中

(3) 单击"Mask"图层的第 50 帧,按下功能键 F5,插入普通帧,完成设置"Title"图形从动画播放 1 秒钟后出现,且在场景中保持 4 秒时间。

(4) 单击"插入图层"按钮🔁,增加新图层,更名为"Title"。

(5) 鼠标按住"Title"图层标题,拖动鼠标,将"Title"图层放置在"Mask"图层下方,参见图 5-105。

(a)调整顺序前的图层　　(b)调整顺序后的图层

图 5-105　图层的调整

(6) 单击"Title"图层的第 11 帧,按下功能键 F6,插入关键帧,然后从"Movie-data. fla"文件的"元件库"中,将"Title-color"图形元件移至场景中,放置在"Title"图形左侧,两个图形的相对位置关系参见图 5-106。

图 5-106　两个图形的相对位置关系

(7) 单击"Title"图层的第 25 帧,按下功能键 F6,插入关键帧。通过连续按下键盘上的右方向箭头,将"Title-color"图形元件水平移至"Title"图形正下方,参见图5-107。

图 5-107　两个图形的相对位置参照

(8) 用鼠标右键单击"Title"图层的第11 帧,从弹出的菜单中选择"创建补间动画"命令,创建"Title-color"图形从 11 帧到25 帧的位置渐变动画,参见图 5-108。

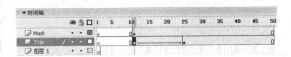

图 5-108　创建"Title-color"图形的位置渐变动画

（9）单击"Title"图层的第 35 帧,按下功能键 F6,插入关键帧。单击"Title"图层的第 50 帧,按下功能键 F6,插入关键帧。通过连续按下键盘上的右方向箭头,将"Title-color"图形元件水平移至"Title"图形右侧,参见图 5-109。

图 5-109 两个图形的相对位置参照

（10）用鼠标右键单击"Title"图层的第 35 帧,从弹出的菜单中选择"创建补间动画"命令,参见图 5-110,创建"Title-color"图形从 35 帧到 50 帧的位置渐变动画。

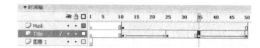

图 5-110 创建"Title-color"图形的位置渐变动画

（11）按下回车键测试动画效果。

（12）鼠标右键单击"Mask"图层,从弹出的快捷菜单中选择"Mask"命令,将该图层设置为遮罩层,参见图 5-111。

（13）按下回车键测试动画效果。

图 5-111 将"Mask"图层设置为遮罩层

说明

遮罩（Mask）的意思就是画出一个范围,让其他的图形只能在这个范围内显示,超出的部分就看不到了。 图标代表遮罩层, 图标代表被遮罩的图层。

步骤 4：制作大小渐变的动画

（1）单击"插入图层"按钮 ,增加新图层,增加新图层,更名为"Main"。

（2）单击"Main"图层的第 51 帧,按下功能键 F6 插入关键帧,然后从"Movie-data.fla"文件的"元件库"中,将"Bitmap"图形移至场景中央,参见图 5-112。

图 5-112 插入"Bitmap"图形

（3）执行"修改|变形|缩放与旋转"命令,在打开的对话框中将缩放比例设置为"10％",参见图 5-113。

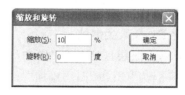

图 5-113 "缩放与旋转"对话框

（4）单击"确定"按钮,观察场景中的"Bitmap"图形大小变化,参见图 5-114。执行"修改|组合"命令组合该图形。

图 5-114 将图形尺寸缩放 10％

（5）单击"Main"图层的第80帧，按下功能键F6，插入关键帧。

（6）执行"修改|变形|缩放与旋转"命令，将该图形的缩放比例设置为"500％"，单击"确定"按钮，观察场景中的"Bitmap"图形大小变化，参见图5-115。

图5-115　缩放后的图形尺寸

（7）鼠标右键单击"Main"图层中的第51帧，从弹出的菜单中选择"创建补间动画"命令，创建一个由51帧至80帧的图形从小到大的渐变动画。

（8）按下回车键，测试动画效果。

（9）单击"Main"图层的第190帧，按下功能键F5，插入普通帧，将第80帧的内容延长至第190帧。

图5-116　应用"Ray"影片片段

步骤5：使用"导引线"制作动画

（1）单击"插入图层"按钮，增加新图层，更名为"Circle"。

（2）单击"Circle"图层的第91帧，单击功能键F6，插入关键帧，然后从"Movie-data.fla"文件的"元件库"中，将"Ray"影片剪辑移至场景中，参见图5-116，单击工具箱中的"任意变形"工具按钮，通过"Ray"影片剪辑四周的控制句柄适当缩小"Ray"实例尺寸。

图5-117　新增"Circle"图层的"导引"图层

（3）单击"Circle"图层的第190帧，单击功能键F6，插入关键帧。

（4）单击图层区底部的"增加导引图层"按钮，为"Circle"图层添加"导引"图层，参见图5-117。

（5）单击"引导层：Circle"图层的第91帧，单击功能键F6，插入关键帧。利用工具箱中的"无填充色"按钮，配合"椭圆"工具按钮，在场景窗口中绘制一个空心圆，参见图5-118。

图5-118　在第91帧中绘制空心圆

（6）使用工具箱中的"橡皮擦"按钮，在空心圆左侧水平位置处擦出一个"豁口"，参见图5-119。

图5-119　在空心圆左侧水平位置处擦出一个"豁口"

（7）单击"Circle"图层的第 91 帧，使用"选择工具"按钮，将鼠标指针指向"Ray"影片剪辑的中心点，按住鼠标，将"Ray"元件的中心点与椭圆线的起始点重合，参见图 5-120。

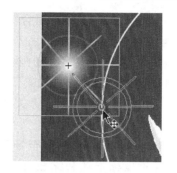

图 5-120　将元件的中心点
与椭圆线的起始点重合

（8）单击"Circle"图层的第 190 帧，采用操作（7）的方法，将"Ray"元件的中心点与椭圆线的结束点重合。

（9）鼠标右键单击"Circle"图层中的第 91 帧，从弹出的菜单中选择"创建补间动画"命令，创建一个由 91 帧至 190 帧的渐变动画，该动画依据"导引"图层绘制的线条为运动路径，从导引线的起始点出发，至终点结束。

步骤 6：进一步修饰动画

（1）首先选中"引导层：Circle"图层，单击"插入图层"按钮，即在该图层上方增加新图层，更名为"Ray-top"，参见图 5-121。

图 5-121　新增"Ray-top"图层

（2）单击"Circle"图层的第 91 帧，执行复制操作。

（3）移动指示针，观察"Circle"图层内容的运动位置，找到其内容运动到正上方位置处的帧数，比如第 115 帧。单击"Ray-top"图层的第 115 帧，单击功能键 F6，插入关键帧，执行粘贴操作。

（4）通过鼠标拖动，将粘贴内容的位置与"Circle"图层内容重叠，参见图 5-122。

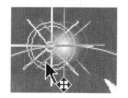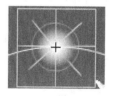

图 5-122　实现两个图层的内容的位置重叠

（5）单击"插入图层"按钮，增加新图层，更名为"Ray-right"。

（6）移动指示针，观察"Circle"图层内容的运动位置，找到其内容运动到右侧位置处的帧数，比如第 140 帧。单击"Ray-top"图层的第 140 帧，单击功能键 F6，插入关键帧，执行粘贴操作，通过鼠标拖动，将粘贴内容的位置与"Circle"图层内容重叠，参见图 5-123。

（7）采用上述操作方法，实现"Ray-bottom"图层的编辑，比如在第 166 帧位置处进行粘贴和位置调整操作。

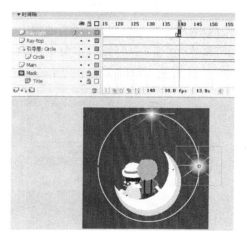

图 5-123　新增的"Ray-right"图层

（8）利用 Ctrl＋Enter 组合键，测试动画效果，观察"Ray"影片片段沿着椭圆路径运动，并且在经过正上方、右侧、正下方以及终点位置处，均留下了"踪迹"。

步骤 7：在原位置替换动画实例

（1）选中"Main"图层的第 190 帧，单击单击功能键 F6，将此普通帧变为关键帧。

（2）从"Movie-data. fla"文件的元件"库"中，将"Rotate"影片剪辑移至场景中，参见图 5-124，通过鼠标拖动和缩放操作，将"Rotate"元件的位置与原有的内容重叠。

（3）执行"修改|排列|移至底层"命令。

（4）将"Rotate"影片剪辑实例放置在原有内容的下方，取消选中状态。

（5）再次单击场景中的人物实例，此次选中的对象是原有的内容，单击 Delete 键删除原有内容。

步骤 8：制作交互动画

（1）从"Movie-data. fla"文件的"元件库"中，将"Replay"按钮移至场景中（第 190 帧），通过鼠标拖动和缩放操作，将按钮放置在场景的右下角处，参见图 5-125，该按钮将实现动画"重放"的交互功能。

图 5-124　插入"Rotate"影片剪辑

图 5-125　插入"Replay"按钮

（2）利用 Ctrl＋Enter 组合键，测试动画效果，发现第 190 帧的内容一闪而过，重新回到第 1 帧内容。

问题

如何在 190 帧处停住？以下操作将具体解决这个问题。

（3）单击场景窗口下方的"动作-帧"面板标题，展开"动作-帧"面板，单击"将新项目添加到脚本"按钮 ✚，打开脚本命令列表，选择"全局函数|时间轴控制|stop"脚本命令，参见图 5-126，该动作的实现语句出现在右侧窗格中。

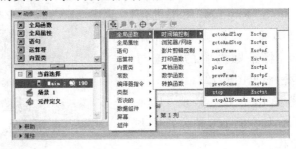

图 5-126　"动作-帧"面板

（4）观察此时的第 190 帧的标识发生变化（图 5-127），其中的字母"a"表示该帧被赋予动作语句。

（5）利用 Ctrl＋Enter 组合键，测试动画效果，发现新问题：按钮无"重放"功能。

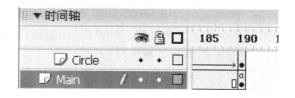

图 5-127　字母"a"表示该帧被赋予动作语句

问题

如何使按钮具备"重放"功能？以下操作将具体解决这个问题。

（6）单击"Main"图层的第 190 帧，选中其中的"重放"按钮图形。

（7）打开"动作-按钮"面板，单击按钮 ➕，打开脚本命令列表，选择"全局函数｜影片剪辑控制｜on"脚本命令，在弹出的事件列表框中双击"release"（图 5-128）。

图 5-128　在"属性"面板中设置按钮实例的名称

（8）鼠标释放动作语句出现在右侧窗格中（图 5-129）。鼠标单击"{"右侧，按下 Enter 键，将插入光标移至下一行。

```
on (release) {
}
```

图 5-129　选择鼠标释放的脚本命令

（9）单击按钮 ➕，打开脚本命令列表，选择"全局函数｜时间轴控制｜play"脚本命令，该语句实现当释放鼠标按键时，返回当前场景的第 1 帧，重新播放（图 5-130）。

```
on (release) {
    play();
}
```

图 5-130　设置重新播放的动作语句

（10）利用 Ctrl＋Enter 组合键，测试动画效果。

步骤 9：为动画加入音效

（1）选取"图层 1"，更名为"Sound"，参见图 5-131。

（2）单击"Sound"图层的第 1 帧，从"元件库"中，将"sound-demo"声音文件移至场景中，单击"Sound"图层的第 190 帧，按下 F5 功能键，插入普通帧，实现声音贯穿整个动画播放过程，参见图 5-132。

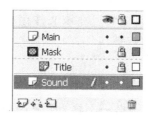

图 5-131　更名为"Sound"图层

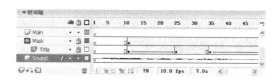

图 5-132　插入声音

(3) 利用 Ctrl＋Enter 组合键,测试动画效果,发现声音文件的播放时间比动画本身长,如果在声音播放结束前,单击"重放"按钮,重新播放动画,则会出现前一次动画的声音与第二次动画的声音重叠的问题。

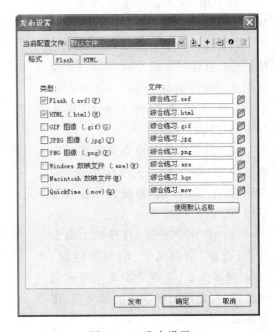

思考

如何解决动画重放时前一次动画的声音与第二次动画的声音重叠问题？参见图5-133,将 Sound 图层中的所有内容后移 1帧,通过"属性"面板将该帧的"同步"属性设置为停止。

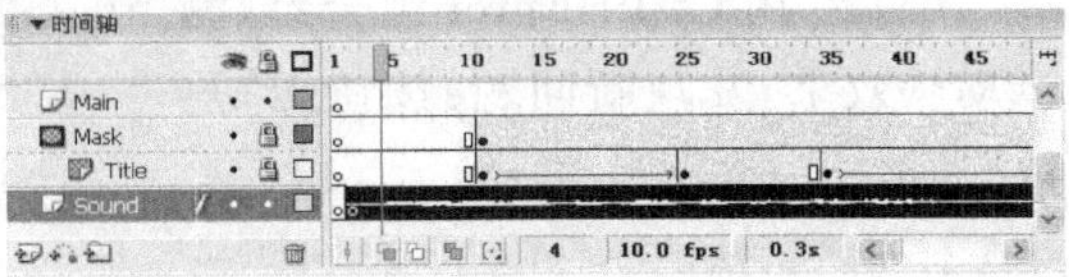

图 5-133　将"Sound"图层中的所有内容后移 1 帧

步骤 10：保存文件

执行"文件|另存为"命令,命名该文件,比如"综合练习.fla"。

步骤 11：发布动画作品

(1) 选择"文件|发布设置"命令,打开"发布设置"对话框,进行发布设置,参见图5-134。

(2) 如果是作为一般的网页出版,可在"格式"选项卡中,选择"Flash"、"HTML"和"Gif"选项即可。

(3) 如果需要更新作品名称,可取消对话框底部的"使用默认名称"复选框的选择,然后在对应类型的"文件"框中输入新的名称。

(4) 设置好后,单击"发布"按钮,即可进行作品发布,读者可在该文件存放位置查看发布后的结果。

图 5-134　发布设置

说明

如果希望制作一个较为完整的动画,达到良好的效果,能吸引观众,最重要的是创意。即在掌握 Flash 软件制作动画的一些最基本操作后,充分体现个人的创意和艺术修养。良好的创意加上在制作过程中不断娴熟的技巧,便可构成自己美妙的作品。

在有了完整的思路,便可开始创作自己的动画作品,当遇到不会实现的效果时,便再进行学习,将学习融入动画制作过程中。千万不要认为自己的 Flash 掌握得不够,而畏于动手去做。

第6章

网络应用基础

入门实验一 网页浏览工具的使用

实验目的：了解浏览器工具软件的使用，掌握如何在因特网上进行网页浏览操作，并从网上获得 WWW 图文并茂的网页信息。

实验要求：请配合阅读教材 7.4.1 小节内容。

任务 1 漫游因特网

步骤 1：启动 IE 浏览器

（1）鼠标单击"开始"按钮右侧"快速启动"工具栏上的 IE 浏览器图标（图 6-1），运行 IE 浏览器程序。

（2）IE 浏览器窗口中呈现其默认的主页信息，图 6-2 显示在清华大学开放实验室运行 IE 浏览器呈现的默认主页信息。

图 6-1 "快速启动"
工具栏

图 6-2 浏览器设置的默认主页

步骤 2：输入网址浏览具体的页面信息

（1）在"地址"栏中输入具体网址，比如 http：//www．cnnic．net．cn（中国互联网络信息中心主页地址），参见图 6-3。

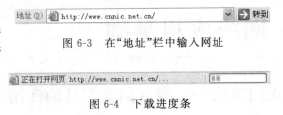

图 6-3　　在"地址"栏中输入网址

（2）按下 Enter 键，观察浏览器窗口右上角的 IE 标志，转动时表示浏览器正在工作，即向 www．cnnic．net．cn 网站请求获得主页信息，窗口底部的状态栏上显示了正在打开的网页地址以及用于表明该页面下载速度的进度条，参见图 6-4。

图 6-4　　下载进度条

（3）待 IE 标志停止转动，浏览器窗口中就完整地出现所访问的网页信息，例如图 6-5 显示的中国互联网络信息中心主页。

图 6-5　　中国互联网络中心主页

步骤 3：利用超链接跳转浏览相关网页

（1）鼠标指向"中国互联网发展状况统计"标题，鼠标形状变为导航手型指针。

（2）单击鼠标，进入"中国互联网发展状况统计"网页，用鼠标右键单击"第一次中国互联网络发展状况调查（1997年 10 月）"的超链接标题，从弹出的快捷菜单中选择"在新窗口中打开"命令，参见图 6-6。

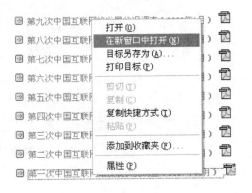

图 6-6　　在新窗口打开超链接内容

（3）第一次调查报告网页内容出现在新开启的窗口中，读者可以通过观察任务栏上对应的浏览器窗口任务按钮（图 6-7），查看到前一个操作新开启了一个浏览窗口，当前窗口以凹图标显示，比如 http://www.cnnic.。

图 6-7　任务栏上排列着多个浏览窗口图标

技巧

选择"文件|新建|窗口"命令，同样可打开一个新的浏览窗口，在其地址栏中输入新的网址即可实现利用多个浏览窗口查看不同页面信息。

注意不要打开太多的窗口，否则可能会因系统资源耗费太大而适得其反，不再需要的窗口要及时关闭。

步骤 4：在已经浏览过的网址之间跳转

（1）单击任务栏上的另外一个浏览器窗口任务按钮，将当前窗口切换到"中国互联网络发展状况统计调查"页面窗口。

（2）单击工具栏中的"后退"按钮，可退回到前一次操作浏览的页面，例如"中国互联网络信息中心"主页。

（3）单击工具栏中的"前进"按钮，可以再次回到"中国互联网络发展状况统计调查"网页。

技巧

如果单击"后退"按钮右侧的小三角按钮，会弹出一个下拉列表，其中罗列出所有以前的网址，从中选择一个，即可直接回退到浏览过的网址，参见图 6-8。

单击"前进"按钮右侧的小三角按钮打开一个下拉列表，其中罗列出所有以后的网址，从中选择一个，可直接前进到该网址。

图 6-8　"后退"下拉列表

如果误点击了某个超链接，产生了不希望的漫游跳转，可单击工具栏中的"停止"按钮，中断当前正在进行的浏览操作。

如果当前网页内容有残缺，可单击工具栏的"刷新"按钮，再次向该页面的服务器发出请求，重新取得并显示当前页面的内容。

步骤 5：将当前网页地址添加到收藏夹

（1）通过工具栏中的"后退"按钮，将浏览窗口内容返回"中国互联网络信息中心"主页。

（2）选择"收藏|添加到收藏夹"命令，打开"添加到收藏夹"对话框，其中"名称"框中呈现当前浏览的页面名称，比如"中国互联网络信息中心（CNNIC）"，单击"创建到"按钮，展开对话框（图 6-9）。

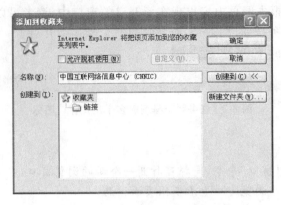

图 6-9 "添加到收藏夹"对话框

💡 提示

收藏夹中的网址组织方式与 Windows 的文件组织方式是一致的。

（3）单击"新建文件夹"按钮，打开"新建文件夹"对话框，在"文件夹名"框中输入"中国互联网"（图 6-10）。单击"确定"按钮。

（4）观察"创建到"列表框中，新增"中国互联网发展信息"文件夹，单击"确定"按钮，将当前页面（"中国互联网络信息中心"主页）收藏到"中国互联网发展信息"类别中。

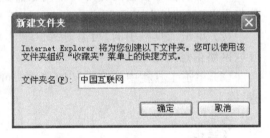

图 6-10 "新建文件夹"对话框

（5）鼠标单击"收藏"菜单名，打开"收藏"菜单（图 6-11），观察"中国互联网络信息中心"主页已被收藏到"中国互联网"类别中。

步骤 6：设置起始页面地址

（1）选择"工具 | Internet 选项"命令，打开"Internet 选项"对话框。

图 6-11 "收藏"菜单

（2）在"常规"选项卡的"主页"设置区中的地址框中输入一个网址，例如，清华大学计算机文化基础课程网站地址 http://ccf.tsinghua.edu.cn（图 6-12），IE 浏览器就会在每次启动后自动浏览该页面。

图 6-12 设置起始页面地址的选项卡（局部）

💡 技巧

单击"使用空白页"按钮，"地址"框中的内容为"about:blank"，表明 IE 每次启动后窗口中呈现的是空白页面，等待读者具体指定访问页面的地址。

单击"使用当前页"按钮，"地址"框中的内容为当前 IE 窗口中呈现网页的地址。

步骤 7：利用历史记录"脱机浏览"

（1）选择"文件|脱机浏览"命令，观察该菜单命令项前出现"√"符号，表明当前浏览器工作在"脱机浏览"方式下。

（2）在"地址"栏中输入具体网址，比如 http://www.cnnic.net.cn，按下 Enter 键，观察浏览器窗口右上角的 IE 标志 ，停止转动的 IE 标志表明在"脱机浏览"方式下获得的网页内容是从本地机上来的。

（3）单击工具栏上的 按钮，打开"历史记录"列表（出现在浏览器窗口左侧），读者可通过"历史记录"列表以"脱机浏览"方式查看曾经访问过的页面内容（图6-13）。

（4）选择"工具|Internet 选项"命令，打开"Internet 选项"对话框，在"常规"选项卡的"Internet 临时文件"设置区中，单击"设置"按钮（图6-14），打开"设置"对话框，其中列出了当前存放"历史记录"信息的文件夹位置。

（5）单击"取消"按钮，返回"Internet 选项"对话框，读者可通过"历史记录"设置区域设定保存时间的长短，或者通过"清除历史记录"按钮，删除存在本地机上的浏览记录信息，以获得更多的有效磁盘空间（图6-15）。

（6）再次单击工具栏上的 按钮，关闭"历史记录"列表框。

任务 2　保存网页信息

步骤 1：保存当前页面信息

（1）在"地址"栏中输入清华大学图书馆主页网址 http://www.lib.tsinghua.edu.cn/，按下回车键，打开清华大学图书馆主页（图6-16）。

（2）选择"文件|另存为"命令，打开"保存网页"对话框。

（3）设置保存信息：

① 存放位置：C盘上的"网上资料"文件夹。

② 文件名：library。

图 6-13　利用"历史记录"脱机浏览

图 6-14　"Internet 临时文件"设置区

图 6-15　"历史记录"设置区

图 6-16　清华大学图书馆主页

③ 保存类型:"网页,全部",即保存页面文字内容和所用到的图像文件、背景文件以及其他嵌入页面的内容。

(4) 单击"保存"按钮,屏幕上出现"保存网页"提示框(图 6-17),待保存进度条提示 100%完成,"保存网页"提示框自动关闭。

(5) 单击"快速启动"工具栏上的"资源管理器"按钮，打开"资源管理器"窗口,然后打开 C 盘上的"网上资料"文件夹(图 6-18),其中,library. files 文件夹中保存了与其同名的网页文件 library. htm 所用到图片、动画等多媒体素材。

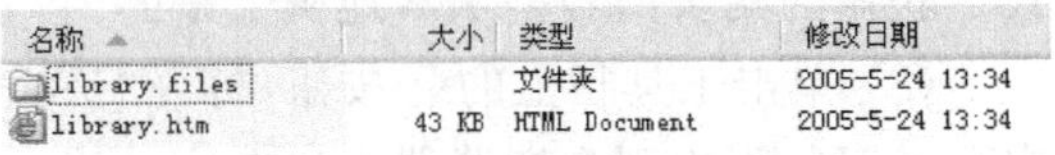

图 6-17　设置保存类型

图 6-18　"全部方式"保存的网页

🔍 说明

"保存类型"下拉列表选项说明如下。

"网页,仅 HTML":该选项保存的网页信息只有文字内容,不保存图像、声音或其他文件。

"文本文件":以纯文本格式保存网页中的文字内容,扩展名为 txt。

"Web 档案,单一文件":将显示该网页所需的全部信息保存在一个 MIME 编码的文件中,扩展名为 mht。

"网页,全部":保存显示该网页时所需的全部文件,包括图像、框架和样式表等。

步骤 2:保存页面中的某幅图像

(1) 用鼠标右键单击清华大学图书馆主页左上角的插图,选择"图片另存为"命令(图 6-19)。

(2) 屏幕上出现"另存为"对话框,通过"保存为"下拉按钮设置具体保存位置,比如 C 盘上的"网上资料"文件夹,在"文件名"文本框中设置该图片名称,比如 logo. jpg,单击"保存"按钮,即可将当前图片保存到本地机指定的位置上。

(3) 打开 C 盘上的"网上资料"文件夹,将查看视图设为"幻灯片",其中列出了刚才所保存的图片文件 logo. jpg(图 6-20)。

图 6-19　保存网页中的图片

图 6-20　幻灯片视图下查看图片 logo. jpg

入门实验二　利用搜索引擎工具查找所需资源

实验目的：掌握如何使用网络搜索工具查找相关内容，通过练习了解按关键字查找和按内容分类逐级检索信息的查找方法。

实验要求：请配合阅读教材 7.4.2 小节内容。

任务 1　利用关键字查找相关的文字素材

步骤 1：进入百度搜索引擎界面

运行 IE 浏览器，然后在"地址"栏中输入网址 http://www.baidu.com，按下回车键，进入百度搜索引擎界面，参见图 6-21。

图 6-21　百度搜索引擎界面

步骤 2：输入查找内容的关键字

（1）如果读者希望获得有关北京旅游方面的资料，可在搜索内容文本框中输入关键字："北京 旅游"（图 6-22）。

（2）单击"百度搜索"按钮。

图 6-22　百度搜索引擎界面

技巧

对于初次使用搜索引擎工具的读者来说，建议首先通过该搜索引擎提供的帮助信息快速了解具体的使用方法，以百度搜索引擎为例，读者可以在百度主页上，通过"搜索帮助"超链接获得百度搜索引擎的特点和使用方法的介绍。

步骤 3：查阅搜索结果页

（1）搜索结果部分内容将呈现在浏览器窗口中（图 6-23），其中"找到相关网页约391 000 篇，用时 0.001 秒"是搜索信息的统计结果。一共有 391 000 个页面包含了所查找的两个关键词（"北京"＋"旅游"），当前页面呈现了 1～10 个具体的结果条目。

（2）每一个结果条目包括以下几项信息（参见图 6-23）。

① 搜索结果标题。这实际上是一个超链接，单击它就可以直接跳转到相应的结果页面。

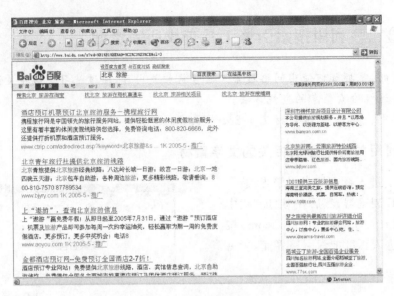

图 6-23　搜索结果页面

② 搜索结果摘要。一段有关页面内容的描述文字,内容中出现的关键字以红色显示。通过摘要,可以判断这个结果是否满足要求。

③ 百度快照。每个被收录的网页,在百度上都存有一个纯文本的备份,称为"百度快照"。如果原网页打不开或者打开速度慢,可以查看"快照"浏览页面内容。

④ 相关搜索。位于结果页面底部的"相关搜索"是其他用户相类似的搜索方式,按搜索热门度排序(图 6-24)。如果搜索结果效果不佳,可以参考这些相关搜索。

图 6-24　相关搜索

步骤 4:在搜索结果范围内进一步查找

(1) 在搜索框中输入关键字,比如"周边游",单击"在结果中找"按钮。

(2) 观察搜索结果:共有 55 900 个页面包含了所查找的 3 个关键词(北京 旅游 周边游),参见图 6-25。

找到相关网页约55,900篇,用时0.001秒

图 6-25　缩小范围后的统计结果

🔍**说明**

搜索引擎是将输入的关键字与其数据库中存储的信息进行匹配,直到找出结果。如果输入的关键字过于简单,那么得到的搜索结果将不计其数。比如,以"网络"作为关键字,与之相关的信息就太多了。

如果想缩小搜索范围,只需输入更多的关键词,并在关键词中间留空格,即可表示搜索那些包含所有设置的关键字条件的内容。

当搜索结果数目较多，一个页面无法显示完的时候，系统自动生成换页链接，请在结果页下方单击要切换的页面号。

步骤 5：查看具体结果页面

（1）单击条目标题"北京周边游——出行在线 中国的旅游超市"，百度在新窗口中呈现具体的结果页面（图 6-26）。

图 6-26　打开结果页面

（2）单击"信息分类"栏目中的"怀柔"，打开怀柔推荐的周边游项目，单击其中的"怀柔红螺寺 AAAA"，打开相关内容（参见图 6-27）。

步骤 6：摘取所需文字素材

（1）用鼠标选取相应的内容（图 6-27）。

（2）执行"编辑|复制"命令。

（3）运行字处理软件 Word，执行"编辑|选择性粘贴"命令，在弹出的"选择性粘贴"对话框中，选择"无格式文本"，单击"确定"按钮。

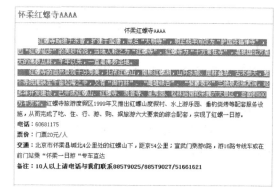

图 6-27　选取文字内容

（4）观察粘贴结果仅保留所复制的文字内容，执行"文件|保存"命令，将素材文字内容保存下来。

技巧

每个搜索引擎的性能都有所不同，所以，在找不着所需的信息时，不妨再用别的搜索引擎试试，或者用浏览器打开多个搜索引擎进行同时搜索。在互联网上有大量的搜索引擎，下面列出的搜索引擎不仅支持中文，还具有较高的搜索效率。

名称	网址
雅虎中文	cn. yahoo. com
搜狐	www. sohu. com
新浪搜索引擎	search. shina. com. cn
网易搜索引擎	search. 163. com
Goole 中文	www. google. com

每一个搜索引擎在使用上都有细微的差别，所以在使用前应先查阅相关的使用方法，这些信息的链接通常就在关键字输入框的旁边。

任务 2　按内容分类查找某方面的素材

任务说明：寻找一首 MIDI 格式的音乐，制作 PowerPoint 演示文稿背景音效。

步骤1：进入新浪搜索引擎界面

（1）运行 IE 浏览器,在"地址"栏中输入网址 http://search.sina.com.cn,按下回车键,进入新浪搜索引擎界面,打开"分类目录"(图 6-28)。

（2）观察图 6-28,新浪搜索引擎界面下方列出了 18 个分类目录,比如"娱乐休闲"、"求职与招聘"、"艺术"、"生活服务"等。

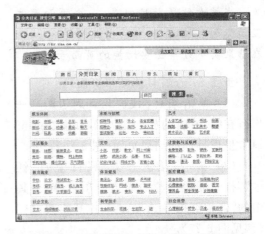

图 6-28　新浪搜索引擎分类目录界面

步骤2：根据主题分类逐层单击查找信息

（1）单击"娱乐休闲"分类中的"音乐"主题,进入"音乐"主题界面(图 6-29),其中列出了细分的音乐类别。

（2）用鼠标单击 MIDI 主题,进入 MIDI 主题界面,其中列出了属于 MIDI 格式音乐的具体网站,该分类目录下包含 17 个网站。

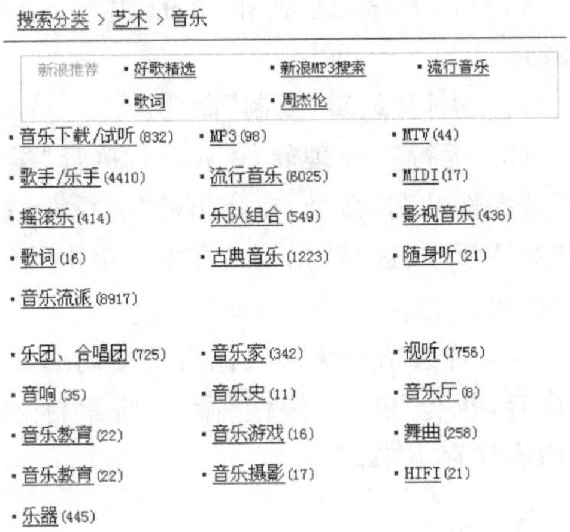

搜索分类 > 艺术 > 音乐

图 6-29　"音乐"主题界面

（3）通过滚动垂直滚动条,浏览所包含的网站标题,用鼠标单击"MIDI 音乐库"网站,进入"MIDI 音乐库"网站界面(图 6-30),其中列出了每一位歌手的曲目。

图 6-30　"MIDI 音乐库"网站界面

（4）用鼠标单击表格上方的"国外影视插曲"标题（图 6-31），进入"国外影视插曲"内容界面。

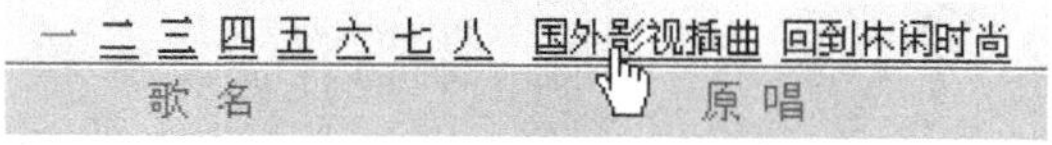

图 6-31　单击"国外影视插曲"分类

（5）用鼠标右键单击"风中奇缘"曲目，从弹出的快捷菜单中选择"目标另存为"命令（图 6-32），屏幕将弹出"另存为"对话框，将音乐文件的保存位置设置为 C 盘上的"网上资料"文件夹，文件名沿用默认的名称"Wind. mid"，观察此时的保存类型为"MIDI 序列"，单击"保存"按钮，系统即开始下载该文件。

图 6-32　下载具体的音乐文件

小结

"分类检索"是通过搜索引擎首页提供的树形主题分类，逐层查找所需信息的方法。比如，想浏览小说方面的信息，但又不是很明确具体是哪一部小说，就可以采用分类检索方式。如果目的明确，只想找一部具体的小说，那就可以选择"关键词查询"方式进行搜索。

任务 3　查找所需的免费（共享）工具软件

任务说明：寻找免费电子邮件软件 FoxMail。

步骤 1：进入天网搜索引擎界面

（1）运行 IE 浏览器，在"地址"栏中输入天网搜索引擎网址 http://e.pku.edu.cn，按下回车键，进入天网搜索引擎界面（图 6-33）。

图 6-33　天网搜索引擎主页

（2）观察"搜索关键字"输入文本框下方的两个按钮："搜索网页"按钮用于查找符合文本框中的搜索关键字的网页地址；"搜索文件"按钮用于查找符合搜索关键字文件的下载地址。

步骤 2：查找具体文件

（1）在"搜索关键字"文本框中输入查找的文件名"FoxMail"。

🔍**说明**

查找的文件名可以包含通配符"＊"号(通配所有字符)或"？"号(通配一个字符),甚至空格符号(表示几个查询的"与"条件)。

(2) 单击"搜索文件"按钮,观察文件搜索结果页面(图 6-34)。

① 每个结果前的图标是该文件的文件类型图片,参见图 6-35,比如"程序"文件图标🖳,"图像"文件图标🖼,"声音"文件图标🎵,"视频"文件图标🎬,"压缩"文件图标🗜,"文档"文件图标📄,"目录"文件图标📁等。

② 图标后是文件名,比如"Foxmail V4.2 简体中文正式版.exe",点击该文件名可以打开文件。

③ 文件名后是文件的创建时间和文件的大小信息,比如"2003/121/30,2519KB"。

④ 文件名下方是该文件所在的目录,比如"ftp://218.200.193.129/网络工具",点击它可以在新的窗口里打开该目录。

步骤 3：下载具体文件

(1) 直接用鼠标单击要下载的文件名,比如"Foxmail V4.2 简体中文正式版.exe",屏幕上将弹出"文件下载"对话框(图 6-36)。

(2) 单击"确定"按钮,观察该文件的下载进度,参见图 6-37。

🔍**说明**

如果选择"下载完毕后关闭该对话框"复选框,系统将在该文件下载完成后,自动关闭对话框。

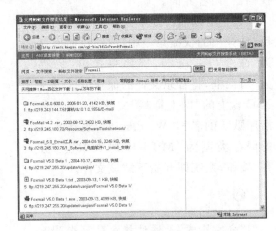

图 6-34　文件搜索结果页面

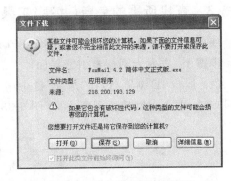

🖳 FoxMail 4.2 简体中文正式版.exe , 2003-12-30, 2519 KB, 快照
18 ftp://218.200.193.129/网络工具/

图 6-35　结果条目示例

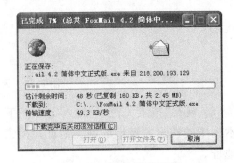

图 6-36　"文件下载"对话框

图 6-37　文件下载进度

步骤 4：安装所下载的程序文件

（1）通过"资源管理器"，找到所下载的程序文件，参见图 6-38。

（2）双击该程序文件图标，屏幕上弹出"安装"提示对话框，根据安装向导提示，完成程序安装。

FoxMail 4.2
简体中文正
式版.exe

图 6-38　所下载的程序文件

入门实验三　文件下载工具

实验目的：掌握如何通过文件传送服务 FTP 实现网络文件的下载和上载操作。

实验要求：请配合阅读教材 7.4.3 内容，了解文件传送工作原理。

任务 1　利用浏览器访问 FTP 站点

任务说明：如果不了解以命令行方式访问 FTP 站点，而且机器中也没有安装 FTP 工具软件，那么有必要通过以下操作，了解一种易用快捷的方法——利用浏览器访问 FTP 服务器。

步骤 1：访问某个匿名 FTP 服务器

（1）运行 IE 浏览器，在地址栏中输入 FTP 服务器地址，比如"ftp://166.111.168.6"，参见图 6-39。

（2）按下回车键，观察 IE 浏览器窗口右上角图标 开始转动，一旦停止，浏览器即完成了登录指定服务器的工作，参见图 6-40。

🔍 **说明**

练习中所访问的 FTP 服务器是由清华大学机械系支持，访问方式"Anonymous"（匿名登录）。对于第一次使用者，请务必阅读该网站的使用注意事项"Readme.txt"文件。

（3）观察图 6-41，此时窗口的结构与文件夹窗口很相似，因此操作的方式与文件夹窗口一致，比如，双击"Incoming"文件夹图标，打开该文件夹，参见图 6-41。

步骤 2：上载文件

（1）双击"！个人中转"文件夹图标，打开该文件夹，参见图 6-42。

图 6-39　输入 FTP 服务器地址

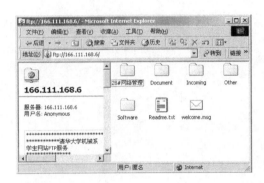

图 6-40　利用浏览器匿名访问 FTP 网站

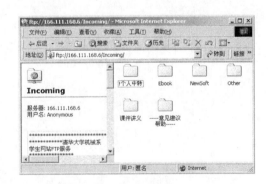

图 6-41　打开"Incoming"文件夹

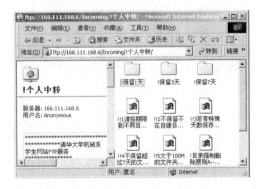

图 6-42　打开"！个人中转"文件夹

（2）如果上载的文件需要保留时间长一些，可双击"!保留 7 天"文件夹图标，打开该文件夹。

（3）双击桌面上的"我的文档"图标，打开该文件夹，从中选择某个（或多个）具体的文件，选择"编辑|复制"命令，执行复制操作。

（4）通过"任务栏"上对应的任务按钮，打开"!保留 7 天"文件夹窗口，选择"编辑|粘贴"菜单命令，执行粘贴操作，完成文件上载操作，观察文件夹窗口中的内容变化。

步骤 3：下载文件

（1）从 FTP 网站根目录位置处，依次打开"Software"/"MultiMedia"/"Audio"/"AudioEditor"文件夹，选择某个（或多个）具体的文件（图 6-43），选择"编辑|复制"命令，执行复制操作。

（2）通过"我的电脑"图标，打开指定的文件夹，选择"编辑|粘贴"菜单命令，执行粘贴操作，完成文件下载操作，观察文件夹窗口中的内容变化。

图 6-43　选取下载的文件或文件夹

🔍 **说明**

"匿名（Anonymous）"FTP 服务器是指向所有用户开放，任何人在登录时都不需要进行身份认证。一般来说，以匿名方式登录的用户对所访问的 FTP 服务器的使用权限也是最低的，通常只能获得从 FTP 服务器上下载文件的权限，不能进行上传文件的操作。

任务 2　使用图形界面的 FTP 工具

任务分析：以文件传输工具 CuteFTP 共享软件为例，介绍如何通过图形界面的 FTP 工具，获得文件传送服务，比如，下载本教材相关的配套上机练习文件。

（1）启动 CuteFTP 程序📟。首先会出现"Site Manager"对话框（图 6-44）。

（2）访问该教材提供的 FTP 服务器。单击对话框左下角处的"New"按钮，在右侧编辑框中依次输入："Label for site"框中输入"ccf data"，"FTP Host Address"框中输入"file. cic. tsinghua. edu. cn"，在"FTP site User Name"框中输入"tsinghua"，在"FTP site Password"框中输入"ccfuser"（图 6-45）。

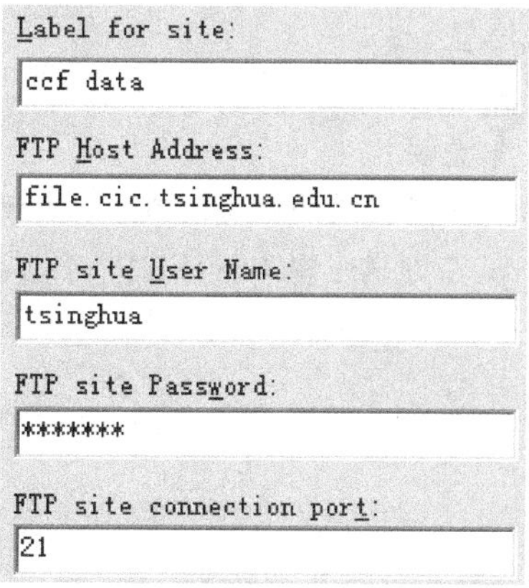

图 6-44　"Site Manager"对话框

图 6-45　输入登录信息（网站、账号和口令）

说明

练习中所访问的 FTP 服务器是由清华大学计算机与信息中心支持,访问方式为指定账号登录。该账号仅被赋予文件下载权限。

(3) 单击"Connect"按钮,观察信息框,其中给出了登录 FTP 服务器的连接信息,一旦登录成功,CuteFTP 主界面下方的右侧窗口出现 FTP 服务器上的目录结构信息(图 6-46)。

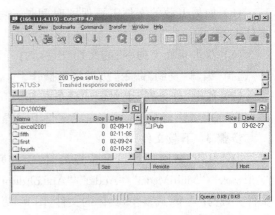

图 6-46　CuteFTP 主界面

说明

CuteFTP 大致分为上下两部分区域,上半部分是由菜单栏、工具栏和命令提示框组成的功能区。下半部分由两个结构相同的窗格组成,左窗格显示本地机(客户机)信息,右窗格显示 FTP 服务器上的信息。

图 6-47　选取下载的文件或文件夹

(4) 双击 FTP 服务器上的"Pub"文件夹,打开该文件夹,其中包括子文件夹"教材样例"和"上机练习样例"(图 6-47)。

(5) 选取"上机练习样例"子文件夹,然后在左窗格中(本地机)指定接收下载内容的文件夹,比如"我的文档"(图 6-48)。

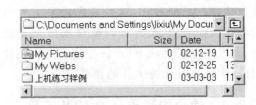

图 6-48　指定接收下载内容的文件

(6) 单击工具栏中的"下载"按钮 ,进行下载操作,请在下载过程中观察命令框中的提示信息。

说明

如果以指定的账号身份,采用浏览器方式访问 FTP 网站,可在地址栏中输入以下信息:ftp://账号:密码@FTP 网站地址。比如 ftp://tsinghua:ccfuser@file.tsinghua.edu.cn。

第7章

网页制作

入门实验 创建网站及制作一个网页

实验目的:掌握网站创建的方法和学习制作一个简单网页。

实验要求:按要求创建"园林建筑艺术"站点,并制作简单网页。

任务1 创建"园林建筑艺术"网站

任务说明:创建"园林建筑艺术"网站,网站结构如图 7-1 所示。

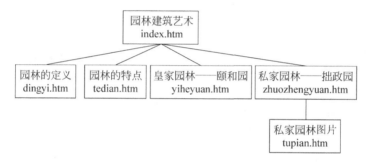

图 7-1 园林建筑艺术网站结构

步骤1:启动 Dreamweaver MX 2004

(1)在本地磁盘中新建一个文件夹,如 d:\yuanlin。

(2)启动 Dreamweaver MX 2004,其工作窗口参见图 7-2。

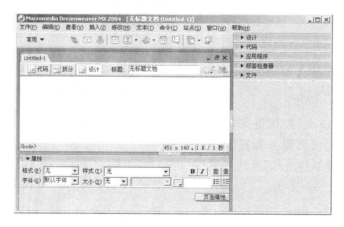

图 7-2 Dreamweaver MX 2004 工作窗口

🔍**说明**

Dreamweaver MX 2004 的界面由"网页编辑窗口"和几个大小不同的"浮动面板"组成,其中最常用的有两个面板:"插入"面板和"属性"面板,其他的面板当需要时再打开。"插入"面板用于放置网页制作中用到的各种对象,针对网页中选中的不同对象,"属性"面板会显示相应的对象属性;"属性"面板用于设置选中对象的属性。

Dreamweaver 提供了 3 种视图来查看网页,其中代码视图只显示网页的 html 源代码,设计视图是所见即所得的网页编辑环境,拆分视图同时显示网页的源代码和设计模式。

步骤 2：创建本地站点

(1) 执行"站点|管理站点"命令,打开"管理站点"对话框,从中选择"新建"按钮中的"站点"命令,弹出"站点定义"窗口,如图 7-3 所示。

🔍**说明**

Dreamweaver MX 2004 提供了两种创建站点的方式:基本和高级,在站点定义窗口中这两种方式以两个同名选项卡显示。"基本"方式下通过向导一步一步进行设置,即可创建站点,适用于网站制作的初学者;"高级"方式下,通过 8 个选项卡对要创建的站点信息进行设置,适合于网络高手。

这里使用"基本"方式。

(2) 输入站点名称:"园林建筑艺术"(图 7-4)。

🔍**说明**

站点名称要根据站点的内容起名字,中文、英文名称都可以。

(3) 单击"下一步"按钮进入"站点定义"的第 2 个窗口,设置服务器技术,选择"否,我不想使用服务器技术"单选按钮(图7-5)。

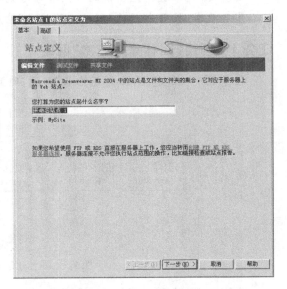

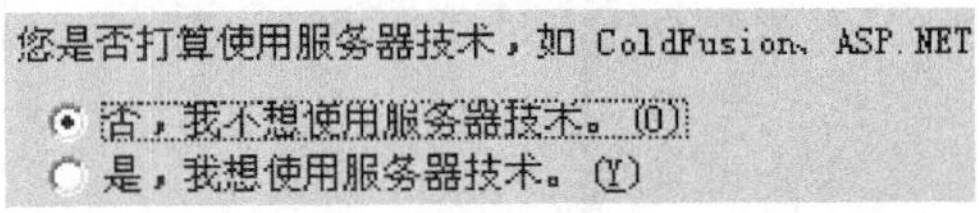

图 7-3　"站点定义"窗口

您打算为您的站点起什么名字?

园林建筑艺术|

示例: MySite

图 7-4　定义站点名称

您是否打算使用服务器技术,如 ColdFusion、ASP.NET

○ 否,我不想使用服务器技术。(O)
○ 是,我想使用服务器技术。(Y)

图 7-5　设置服务器技术

🔍**说明**

设置服务器选项决定当前定义的站点是否使用服务器脚本语言，这里定义一个静态站点，不需要使用服务器技术。

（4）单击"下一步"按钮进入"站点定义"的第 3 个窗口，设置站点文件位置。选择"编辑我的计算机上的本地副本，完成后再上传到服务器"单选按钮，设置文件存储位置为 D 盘"yuanlin"文件夹，站点文件夹的路径显示在文本框中（图 7-6）。

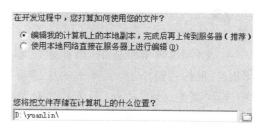

图 7-6　设置站点文件位置

（5）单击"下一步"按钮进入"站点定义"的第 4 个窗口，设置远程服务器的连接方式。单击"您如何连接到远程服务器"文本框右侧的下箭头，从下拉列表中选择"无"，如图 7-7 所示。

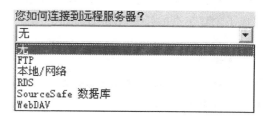

图 7-7　远程服务器设置

🔍**说明**

如果需要将站点文件存储在远程服务器上，要根据服务器的实际情况选择连接方法并设定存储目录。为了使读者快速上手，这里选择"无"，即不使用远程服务器连接。等本地站点制作完成后，再上传到远程服务器上。

（6）单击"下一步"按钮进入"站点定义"的最后一个窗口：站点"总结"窗口，如图 7-8 所示。

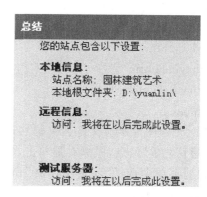

图 7-8　站点总结

🔍**说明**

站点"总结"窗口中显示前面定义新站点的所有信息，如果有需要修改的地方，可单击该窗口下面的"上一步"按钮，返回到前面一个窗口重新设置，如果没有问题，单击"完成"按钮，完成新站点的创建。

（7）"文件"面板上的"文件"选项卡中显示出前面定义的园林建筑艺术站点，如图 7-9 所示。

图 7-9　文件面板上显示定义的站点

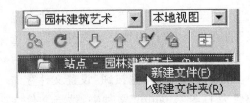

图7-10　新建网页文件

说明

由于是新建一个文件夹并指定此文件夹为站点文件的存储位置,所以新定义的站点是空的,需要在站点中创建网页文件和素材文件夹。

步骤3：创建网页文件和素材文件夹

（1）创建主页

在"文件"选项卡中选中"园林建筑艺术"站点,鼠标右键单击,从弹出的快捷菜单中选择"新建文件"命令（图7-10），在当前站点中新建了一个网页文件（图7-11），然后把默认的网页名称更改为 index. htm（图7-12）。在该文件外的地方单击鼠标,完成了创建主页的任务（图7-13）。

图7-11　新建的网页

说明

网站的主页文件名称一般是 index. htm 或 index. html。

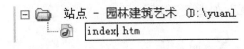

图7-12　更改网页文件名

（2）用同样的方法创建其余5个网页文件：

dingyi. htm

tedian. htm

yiheyuan. htm

zhuozhengyuan. htm

tupian. htm

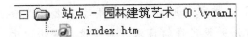

图7-13　站点中创建了主页

（3）创建图片素材文件夹。仍然选中"园林建筑艺术"站点,鼠标右键单击,从弹出的快捷菜单中选择"新建文件夹"命令,在当前站点中创建一个文件夹,并重命名为 images。操作（2）和（3）完成后的效果见图7-14。

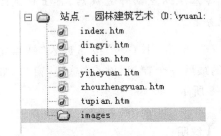

图7-14　站点中创建了6个网页和
1个素材文件夹

步骤4：创建站点结构

（1）把 index. htm 文件设置为站点的首页。单击"文件"面板中"文件"选项卡中的"展开/折叠"按钮，把"文件"面板展开为独立窗口,选择 index. htm 文件,执行"站点 | 设成首页"命令,设置 index. htm 文件为站点的首页。

（2）在此窗口中单击"站点地图"按钮，从弹出的快捷菜单中选择"地图和文件"命令,此时"文件"面板分为左右两个窗口,如图7-15所示。

图 7-15　地图和文件双窗口结构的"文件"面板

🔍 说明

图 7-15 的左窗口显示站点地图,目前只有站点的主页,右窗口中显示站点中的文件和文件夹。

(3) 制作网站的导航结构。选中 index. htm 网页,出现该文件的连接标记🔗,将连接标记拖拽到右侧"本地文件"窗口中的文件 dingyi. htm 上,如图 7-16 所示,松开鼠标,就会把 dingyi. htm 文件链接在 index. htm 网页中,并显示在"站点地图"窗口中 index. htm 的下面(图 7-17)。

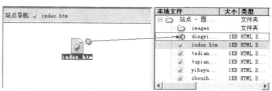

图 7-16　链接文件

图 7-17　链接的文件出现在"站点地图"窗口中 index. htm 的下面

(4) 用同样的方法链接 tedian. htm、yiheyuan. htm、zhuozhengyuan. htm 到主页的下层,链接 tupian. htm 到 zhouzhengyuan. htm 的下层,最终效果如图 7-18 所示。

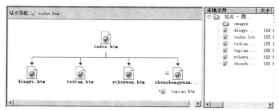

图 7-18　站点地图中创建了站点的导航结构

说明

在网站制作初期，应根据主题，按照以上步骤搭建内容结构，并赋予每个网页及素材文件有意义的名称，这样不仅便于 Dreamweaver MX 2004 对站点进行管理，也利于团队合作制作网站，每个制作者通过"站点地图"中的结构图了解网站内容整体架构，并可从文件名就能获得网页或素材文件的内容信息。

任务2　制作简单的网页

任务说明：制作 dingyi.htm 网页，效果如图 7-19 所示。

图 7-19　　dingyi.htm 网页效果

步骤 1：设置页面属性

(1) 在"文件"面板中的站点文件列表中双击 dingyi.htm，进入该网页的编辑环境（图 7-20）。

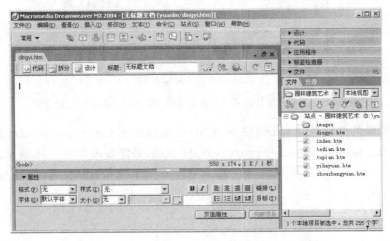

图 7-20　Dreamweaver MX 2004 的网页编辑界面

（2）执行"修改|页面属性"命令，弹出"页面属性"对话框，如图 7-21 所示。

（3）设置网页的背景图像

① 在"外观"选项区中，单击"背景图像"右侧的"浏览"按钮，在弹出的"选择图像源文件"对话框中，选择"dreamweaver 样例-素材/images"中的 dingyi-bg.jpg 图像。

② 确定选取操作后，屏幕弹出提示对话框（图 7-22），提示将选择的图像文件复制到本地根文件夹中，单击"是"按钮。

③ 弹出"复制文件为"对话框，选择站点的本地根文件夹"yuanlin"的 images 子文件夹，如图 7-23 所示。

④ 单击"打开"按钮，返回"页面属性"对话框。这时在"背景图像"文本框中显示出设置的背景图像的路径，如图 7-24 所示。

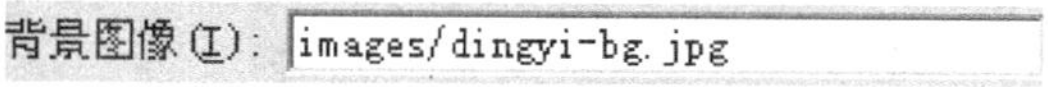

🔍 说明

如果选择的图像文件是站点文件夹以外的文件，系统会弹出对话框询问是否将文件复制到当前站点中，应该选择"是"，否则当把站点发布到服务器上或复制到另外的机器浏览时，不能显示该图像。

网站中用到的图像要放在专门存储图像的文件夹中，这个文件夹一般命名为 image 或 images。

（4）设置网页的标题。单击分类框中的"标题/编码"选项，在"标题"文本框中输入该网页的标题："园林的定义"（图 7-25）。单击"确定"按钮完成页面属性的设置。

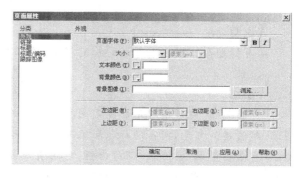

图 7-21　页面属性对话框

图 7-22　提示将图像复制到站点对话框

图 7-23　保存外部图像到当前站点中

背景图像(I): images/dingyi-bg.jpg

图 7-24　设置背景图像

标题(T): 园林的定义

图 7-25　设置网页标题

说明

网页标题会出现在浏览器的标题栏中，确保所创建的网页都有一个含义明确的标题。

小结

"页面属性"对话框可用于指定网页中文本的字体、大小和颜色，网页的背景色和背景图像，超链接的颜色，网页的标题和编码等。不论是由空白网页或已有的模板开始设计网页，都有必要借助"网页属性"对话框，对网页属性进行设置，使网页更加规范。本例中只设置了网页的背景图像和网页的标题，其他的使用默认设置。

步骤2：添加文本

（1）完成了步骤1后的 dingyi. htm 如图 7-26 所示，在页面的左上角有插入光标。

（2）输入标题文本。在插入光标处用键盘直接输入"园林的定义"，然后回车，插入光标跳转到下一行。

（3）复制、粘贴网页中的文字

① 打开"dreamweaver 样例-素材"文件夹中的"文字. doc"文档，选中 dingyi. htm 网页的文字："根据《辞海》……技术手段。"执行复制操作。

② 切换到 dingyi. htm 的网页编辑界面，执行"编辑|粘贴文本"命令，将选中的文字粘贴到网页中，如图 7-27 所示。

步骤3：设置文本的格式

（1）设置标题格式

① 执行"窗口|属性"命令，打开"属性"面板。

② 选中标题"园林的定义"，单击属性面板中格式文本框右侧的向下箭头，打开格式下拉列表，从中选择"标题1"，如图 7-28 所示。

③ 单击属性面板上的"居中对齐"按钮 ≡，设置选中的段落在页面中居中对齐。

图 7-26　dingyi. htm 网页的插入光标

图 7-27　网页中添加了文本

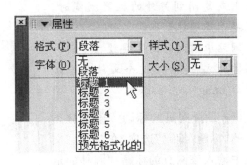

图 7-28　设置段落级别

（2）设置正文文本格式

① 添加字体。打开"属性"面板中字体下拉列表,选择"编辑字体列表"命令（图 7-29）,弹出"编辑字体列表"窗口,在"字体列表"栏中选取"在以下列表中添加字体"项,然后在"可用字体"列表框中选择字体,比如"华文楷体",单击按钮◁,将华文楷体添加到字体列表中,如图 7-30 所示。

图 7-29　字体下拉列表

图 7-30　编辑字体列表窗口

🔍 **说明**

Dreamweaver MX 2004 的字体列表中一般只提供一些英文字体,要使用中文字体,必须要编辑字体列表,将需要的字体添加到字体列表中。

② 选中正文文本"根据《辞海》……技术手段。"打开"属性"面板上的字体下拉列表,这时在字体下拉列表中显示出添加的字体"华文楷体",选择该字体,把选中的文本设置为华文楷体,如图 7-31 所示。

图 7-31　字体下拉列表中显示添加的字体

③ 设置文本的颜色。仍然选中操作②中的文本,单击"属性"面板上的文本颜色按钮,弹出"颜色"面板（图 7-32）。"颜色"面板中的颜色是网络安全色,可从中选择一种颜色。

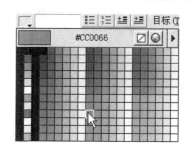

图 7-32　属性面板中的"颜色"面板

要使用更多颜色,需要单击颜色面板右上方的颜色拾取器按钮◉,弹出 Windows 系统的"颜色"面板。在 Windows 系统的"颜色"面板"红"、"绿"、"蓝"三个文本框中分别输入 0、128、128,然后单击"添加到自定义颜色"按钮,设置的颜色显示在"自定义颜色"栏中（图 7-33）,最后单击"确定"按钮,选中的文本设置颜色完成,同时在颜色框中显示出设置的颜色和十六进制表示的颜色值,如图 7-34 所示。

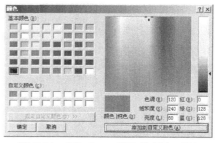

图 7-33　Windows 系统的颜色面板

图 7-34　颜色框中显示当前的颜色和颜色值

🔍**提示**

Dreamweaver MX 2004 使用十六进制数表示某种颜色,十六进制数是以红、绿、蓝(RGB)三种颜色为基础,每种颜色从 0 到 FF(十进制数 0 到 255)混合而成,如♯FF0000代表红色,♯FFFFFF 代表白色,♯000000 代表黑色。

④ 设置文字加粗。选中操作②中的文本,单击"属性"面板上加粗按钮 **B**,选中的文本字体加粗。

步骤 4:设置段落格式

(1) 设置段落对齐方式。选中步骤 3 的操作②中的文本,单击"属性"面板上的"两端对齐"按钮 ≣。

(2) 设置段落缩进。单击"属性"面板上的"文本缩进"按钮 ≛,设置选中的段落左、右两侧缩进一些距离(图 7-35)。

(3) 设置段落首行缩进。把光标放在段落的开始,如图 7-36所示,执行"插入|HTML|特殊字符|不换行空格"命令,在光标处插入一个空格。同样的方法在光标处再插入三个空格。效果如图7-37 所示。

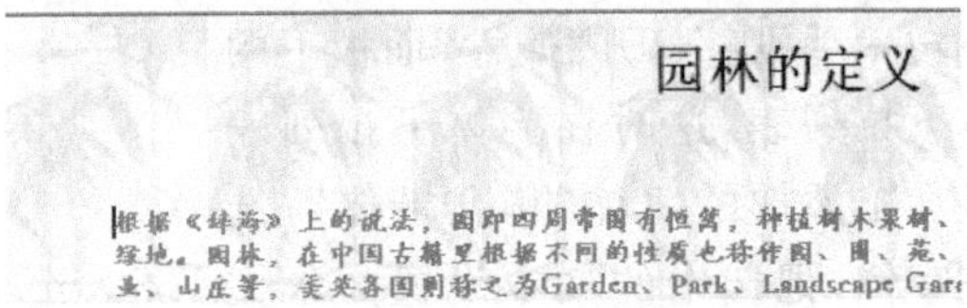

🔍**说明**

插入不换行空格命令实际上在网页的 HTML 源代码中插入了" "字符。

步骤 5:保存并预览网页

(1) 保存网页。执行"文件|保存"命令,按原名保存网页中修改的内容。

(2) 浏览网页。执行"文件|在浏览器中预览|iexplore"命令或单击 F12 功能键,在 IE 浏览器中打开制作的网页,查看效果如图 7-38所示。

图 7-35　设置了两端对齐和文本缩进后的效果

图 7-36　光标定位在段落的开始

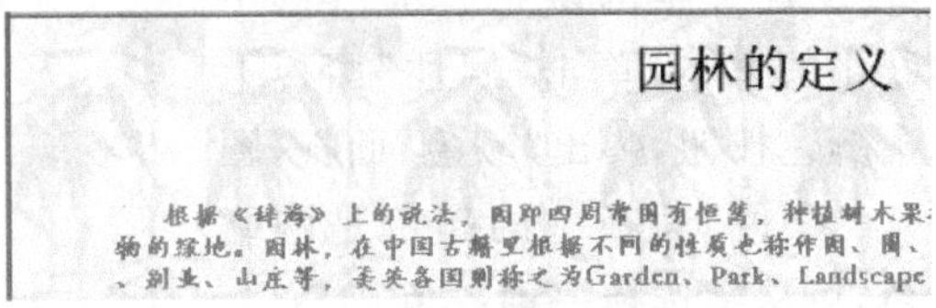

图 7-37　设置了首行缩进的段落

图 7-38　在浏览器中的效果图

提高实验一　使用表格布局网页

实验目的：掌握使用表格布局网页的方法。

实验要求：按要求制作 index.htm 网页的表格布局。

步骤 1：准备工作

（1）打开"表格布局"站点。

（2）双击"文件"面板上文件列表中的 index.htm 文件，切换到该网页的编辑窗口。

🔍**说明**

该页面中按导航图的结构自动生成了一些超链接，先删除这些超链接，以后再重新制作超链接。

步骤 2：插入两个表格，效果如图 7-39 所示

（1）执行"插入|表格"命令，或单击"常用"插入栏上的表格图标，弹出"表格"对话框，设置表格的大小：2 行×5 列，表格宽度 700 像素，表格粗细 0 像素。单击"确定"按钮，在页面中插入了一个 2 行×5 列的表格，参见图 7-40。

（2）用鼠标在该表格外单击，然后按下键盘的回车键，把插入光标转到下一行，在插入光标处插入第 2 个表格（2 行×2 列，表格宽度 900 像素，表格粗细 0 像素），最后的效果参见图 7-39。

步骤 3：设置两个表格的格式

合并单元格和设置表格居中对齐，效果如图 7-41 所示。

（1）合并单元格

① 使用"修改|表格|合并单元格"命令，将第 1 个表格第 1 行的 5 个单元格合并为 1 个单元格。

② 将第 2 个表格的第 2 列合并为 1 个单元格。

（2）设置表格居中对齐

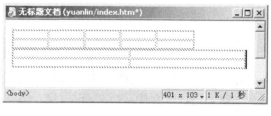

图 7-39　index.htm 网页中插入了两个表格

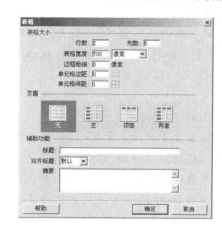

图 7-40　表格对话框

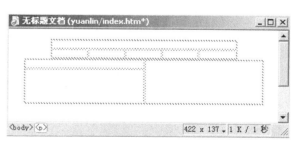

图 7-41　设置了表格格式后的效果

① 选中第一个表格,单击"属性"面板"对齐"下拉列表,从中选择"居中对齐",如图7-42所示。

图 7-42　表格的"属性"面板

② 同样的方法设置第二个表格的对齐方式为"居中对齐"。

(3) 调整第 2 个表格的高度。鼠标放在第 2 个表格的下边框上,当鼠标指针变为 ⇕形状时,按住左键向下拖动鼠标,增加表格高度。

步骤 4:执行"文件|保存"命令,保存当前网页

⊙ 说明

利用表格布局网页时,一般先大致画一个表格,再根据布局情况拆分、合并相应的单元格,设置表格的大小,把边框的粗细设为 0,然后在单元格中放置文字、图片等网页元素。

⊙ 小结

表格尺寸有两种度量单位,一种是绝对单位"像素",一旦设置为像素单位后,表格的大小是固定的。另一种相对单位"百分比",比如表格宽度设置为 80%,则表明表格的宽度为浏览器窗口宽度的 80%,并会随浏览器窗口尺寸的缩放而改变。表格布局是非常重要的网页布局方法,读者一定要熟练掌握。

提高实验二　编辑网页

实验目的：掌握在网页中编辑文本、插入特殊元素、设置网页背景音乐的方法。

实验要求：按要求为 index.htm 网页添加文本并设置文本格式，添加背景音乐和水平线。

步骤 1：准备工作

（1）打开"表格布局"站点。

（2）双击"文件"面板上文件列表中的 index.htm 文件，切换到该网页的编辑窗口。

步骤 2：添加文本

打开"dreamweaver 样例-素材"文件夹中的"文字.doc"文档，复制 index.htm 网页的文字："轻一推门…… 去体会……"粘贴到当前网页中第 2 个表格的第 1 列第 2 个单元格中，如图 7-43 所示。

图 7-43　复制并粘贴文字素材

说明

网页中文字素材既可以通过直接输入方式获得，也可以从其他文件中将已有的文字进行复制，然后粘贴到相应的网页中。

步骤 3：设置段落格式，效果如图 7-44 所示

（1）在"石笋上苍玉泪痕……"结束位置处按住 Shift 键的同时按下回车键，将该段文字分成两段，且两段之间没有空行。

（2）在"属性"面板上设置两个段落的对齐方式为两端对齐。

（3）使用"插入不换行空格"命令，设置两个段落首行缩进两个字符。

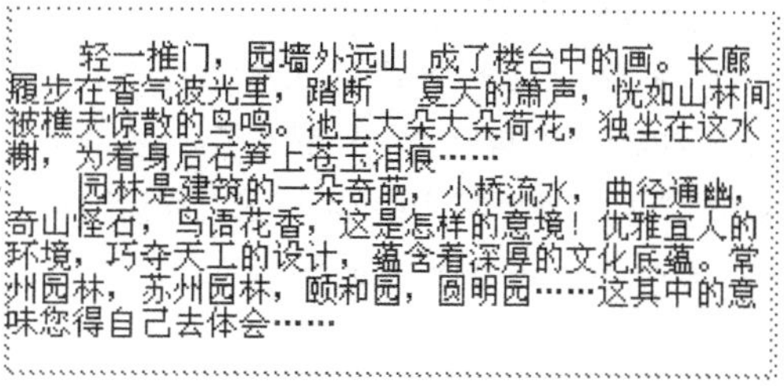

图 7-44　设置段落格式

步骤 4：设置文本格式，效果如图 7-45 所示

选中段落，在"属性"面板上进行设置，如图 7-46 所示。

① 字体："华文行楷"。

② 字号："18 像素"。

③ 文字颜色："#109598"。

④ 第 2 段文字加粗。

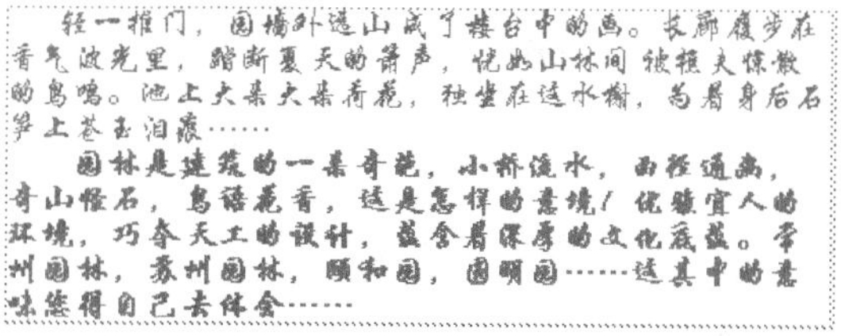

图 7-45　设置文本格式

图 7-46　属性面板上设置文本格式

步骤 5：添加背景图像，如图 7-47 所示

（1）在"页面属性"对话框中将"dreamweaver 样例-素材/images"文件夹中的"bg.jpg"图像设置为网页背景图像。

（2）将该图像文件保存在当前站点的"images"文件夹下。

步骤 6：设置网页标题

在"页面属性"对话框中设置网页标题："园林建筑艺术"。

步骤 7：插入水平线，效果见图 7-48

（1）光标定位在第 2 个表格的下面，执行"插入│HTML│水平线"命令，在光标位置处插入一条水平线。

（2）选中水平线，在属性面板上设置水平线的格式：水平线宽"90％"，对齐方式为"居中对齐"，如图 7-49 所示。

🔍 **说明**

水平线是用于分割页面内容的一种方法，在实际制作网页中，水平线常被各式各样具有"水平线效果"的漂亮图片代替，图 7-50 为两个水平线效果的图片。

步骤 8：设置背景音乐

切换到代码视图，在＜head＞…＜/head＞之间输入代码＜**bgsound src="images/back.mid"loop="－1"**＞，参见图 7-51。

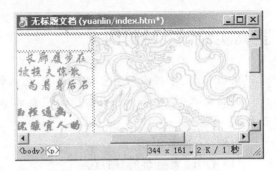

图 7-47　添加了背景图像后的效果

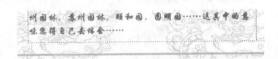

图 7-48　插入水平线效果

图 7-49　水平线属性面板

图 7-50　水平线图片

```
<head>
<meta http-equiv="Content-Type" content="tex
<title>无标题文档</title>
<bgsound src="images/back.mid" loop="-1">
<style type="text/css">
```

图 7-51　在代码视图中输入代码

🔍 **说明**

Dreamweaver 本身没有提供设置背景音乐的命令，需要在代码视图中＜head＞…＜/head＞之间直接输入代码。

步骤 9：保存网页

提高实验三　在网页中使用图像

实验目的：掌握在网页中插入图像并设置图像格式的方法。

实验要求：按要求为 index. htm、tedian. htm、tupian. htm 3 个网页添加图像并设置图像格式。

任务 1　将图片文件导入到当前站点中

步骤 1：打开"网页图像"站点。

步骤 2：在磁盘上打开"dreamweaver 样例-素材/images"文件夹，选中所有文件，执行复制操作。

步骤 3：打开"园林建筑艺术"站点的本地根文件夹"d:\yuanlin\images"，执行粘贴操作。

步骤 4：切换回 Dreamweaver MX 2004 中，在文件面板中的文件夹列表中单击 images 文件夹前面的加号 ，展开该文件夹，显示导入的文件，如图 7-52 所示。

图 7-52　图片导入到当前站点
的 images 文件夹下

说明

在制作网页时，通常应在站点创建好后，就把所搜集的素材文件导入到当前站点中，以便在具体制作网页时，直接在站点中查找所要插入的图片、背景音乐等素材，这样将大大节省在磁盘上查找文件的时间，也方便操作。

任务 2　在网页中插入图像，并设置图像格式

步骤 1：切换到 index. htm 网页的编辑窗口

步骤 2：插入图像，效果如图 7-53 所示

图 7-53　插入图像

（1）插入网页的横幅图像

① 把光标定位在第 1 个表格的第 1 行中，执行"插入|图像"命令，或单击"常用"插入栏上的图像按钮，打开"选择图像源文件"对话框。

② 在该对话框中找到"园林建筑艺术"站点中图片：\yuanlin\images\yiheyuan.png。

③ 单击"确定"按钮。

（2）插入动态 gif 图像。在第 2 个表格的第 1 个单元格中插入当前网站\yuanlin\images\logo.gif。

说明

动态 gif 图片是由多个普通 gif 图片组合在一起，并按一定的时间间隔顺序显示出来，从而实现动态效果。使用动态 gif 图片，是使网页具有动态效果的最简单的方法。

网上有大量的动态 gif 图片，可以用与保存普通图片一样的方法下载动态 gif 图片，也可以使用动态 gif 制作软件制作。

插入的动态 gif 图，在编辑状态下只显示这幅图片的第 1 帧，只有在浏览器中才能看到动态的效果。

（3）插入背景透明的图像。在第 2 个表格的第 2 列中插入当前网站\yuanlin\images\garden.gif。

说明

由于 garden.gif 图像的背景是透明色，所以在该图像的周围，网页的背景图片可显示出来。

只有 gif 格式的图像文件才有单色透明和动画效果。

步骤 3：调整表格布局

观察图片插入到表格单元格后，第 2 个表格的第 1 列第 2 个单元格之间有较多空白，用鼠标直接拖动的方法使其高度减小，正好能容下文字内容。

步骤 4：对齐图像，效果如图 7-54 所示

图 7-54　调整后的效果

（1）选取网页横幅图像 yiheyuan.png，设置该图像在单元格中水平居中对齐。

（2）选取动态图像 logo.gif 所在的单元格，在单元格"属性"面板上设置单元格的对齐：水平"居中对齐"，垂直"居中"，如图 7-55 所示。

图 7-55　单元格属性面板

步骤 5：保存文件

任务 3　在网页中插入图像

步骤 1：切换到 tupian.htm 网页的编辑窗口

步骤 2：插入图像

（1）在第 1 个表格的第 1 行中插入横幅图像 yiheyuan.png。

（2）在第 2 个表格中插入图像，效果如图 7-56 所示。

图 7-56　网页中插入多个图像

第 1 行第 2 个单元格中插入 pic9.jpg。

第 1 行第 3 个单元格中插入 pic10.jpg。

第 1 行第 4 个单元格中插入 pic3.jpg。

第 1 行第 5 个单元格中插入 pic11.jpg。

第 2 行第 1 个单元格中插入 pic5.jpg。

第 2 行第 2 个单元格中插入 pic6.jpg。

第 2 行第 3 个单元格中插入 pic7.jpg。

第 2 行第 4 个单元格中插入 pic8.jpg。

步骤 3：调整图像大小

（1）调整表格第 1 行第 4 个单元格中图像的高度，使它和第 1 行其他单元格中的图像等高。

① 选中表格第 1 行第 2 个单元格中图像，在"属性"面板上查看该图像的高度为 250。

② 选中表格第 1 行第 4 个单元格中图像，在"属性"面板上查看该图像的高度为 180，把高度设置为 250（效果参见图 7-57）。

（2）鼠标拖动的方法调整第 2 行第 1 个单元格中的图像。选择表格第 2 行的第 1 幅

图 7-57　调整了图像大小和设置了图像在单元格中居中对齐后的效果

图片,图片周围出现 3 个实心黑色小方块,用鼠标拖动图片底部中间的小方块,调整图片垂直方向的大小(效果参见图 7-57)。

说明

调整图片尺寸的方法有两种:使用属性面板精确设置图片的尺寸,用鼠标直接拖动的方法改变图片的尺寸。

步骤 4:设置图像在单元格中居中对齐

(1) 设置网页横幅图像 yiheyuan.png 在单元格中水平"居中对齐"。

(2) 设置第 2 个表格中 8 个图像在各自单元格中水平"居中对齐"。

调整了图像大小和设置了图像在单元格中居中对齐的效果,见图 7-57。

步骤 5:保存网页

提高实验四　网页中超链接的使用

实验目的：掌握网页中超链接的设置方法。

实验要求：按要求设置为网页导航超链接、书签超链接、图像超链接和电子邮件超链接。

任务 1　制作网页的导航超链接

任务说明：效果如图 7-58 所示。

步骤 1：打开"超链接设置"站点。

图 7-58　index.htm 网页的导航超链接

步骤 2：打开 index.htm 网页。

步骤 3：在第 1 个表格的第 2 行单元格中分别输入导航超链接的文字："主页"、"园林的定义"、"园林的特点"、"皇家园林——颐和园"、"私家园林——拙政园"，参见图 7-58。

步骤 4：设置文字"园林的定义"超链接

（1）选中文字"园林的定义"。

（2）拖动"属性"面板上链接文本框右侧的"指向文件"标记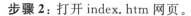到"文件"面板上的当前

站点文件列表中的 dingyi.htm 文件，释放鼠标。

（3）超链接制作完成，在属性面板上的链接文本框中显示超链接的目的网页，如图 7-59 所示。

图 7-59　属性面板上的链接文本框中
显示超链接的目的网页

说明

也可直接在链接文本框中输入超链接的目的网页路径。

步骤 5：同样的方法，设置文字"园林的特点"超链接指向 tedian.htm，文字"皇家园林——颐和园"超链接指向 yiheyuan.htm，文字"私家园林——拙政园"超链接指向 zhuozhengyuan.htm。

步骤 6：设置导航超链接行水平居中对齐。

步骤 7：保存文件。

说明

本页的导航超链接应有 5 个，因为主页是该网页本身，一般不再设置超链接。

任务 2　制作图像超链接

步骤 1：切换到 index.htm 网页的编辑窗口。

步骤 2：选中 logo.gif 图像，在图像属性面板上拖动链接文本框右侧的"指向文件"标

记 📷 到文件面板上的当前站点文件列表中的 tupian. htm 文件,然后释放鼠标。

　　步骤3:保存文件。

💡 说明

　　超链接是从一个网页指向另一个目的端的链接,这个目的端通常是另一个网页或同一网页中的其他位置,也可以是一幅图片、一个电子邮件地址、一个文件(如多媒体文件或者 Microsoft Office 文档)或者一个程序。一段文本或一幅图片都可以做超链接的源。

　　电子邮件超链接是目前广泛使用的网站浏览者和网站制作者之间进行沟通的一个简便、实用的方法。任务3将创建电子邮件超链接。

任务3　创建电子邮件超链接

　　步骤1:切换到 index. htm 网页的编辑窗口。

　　步骤2:鼠标定位在水平线后回车,输入文本"与我们联系",并居中对齐。

　　步骤3:选中文本"与我们联系",在属性面板的链接文本框中直接输入电子邮件地址:mailto:wenhua@cic. tsinghua. edu. cn,如图 7-60 所示。

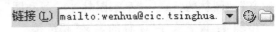

图 7-60　创建电子邮件超链接

　　步骤4:保存文件。

任务4　创建书签超链接

　　步骤1:切换到 tedian. htm 网页的编辑窗口。

　　步骤2:设置书签

　　(1) 选中表格第5行内容第一行的"静明园记",执行"插入|命名锚记"命令,或单击"常用"插入栏中的命名锚记图标 🔖,弹出"命名锚记"对话框,在该对话框中输入命名的锚记名称静明园记,如图 7-61 所示。设置了锚记的位置处显示出锚记标记 🔖,如图 7-62 所示。

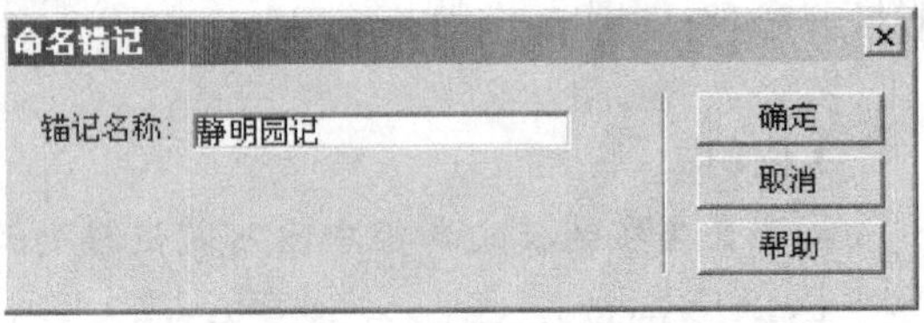

图 7-61　"命名锚记"对话框

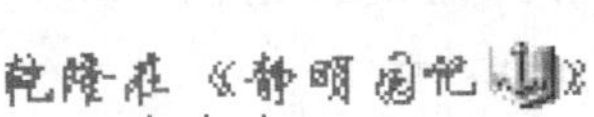

图 7-62　定义了锚记的位置

　　(2) 选中表格第6行内容第1行中"乾隆盛世",用同样的方法命名锚记"乾隆盛世"。

　　(3) 选中表格第7行内容第1行中"乾隆自诩",用同样的方法命名锚记"乾隆自诩"。

　　(4) 选中表格第8行内容第1行中"封建帝王",用同样的方法命名锚记"封建帝王"。

　　步骤3:设置书签超链接

　　(1) 选中表格第1行的小标题"台榭参差金碧里,烟霞舒卷图画中"文字。

（2）在"属性"面板上的链接文本框中输入"♯静明园记"，如图 7-63 所示。

（3）使用同样的方法，分别为其余
小标题设置相应的书签超链接：

链接(L) ♯静明园记

图 7-63　设置书签超链接

"山无曲折不致灵，室无高下不致
情"设置书签超链接为"♯乾隆盛世"。

"一树一峰入画意，几弯几曲远尘心"设置书签超链接为"♯乾隆自诩"。

"普天之下莫非王土，率土之滨莫非王臣"设置书签超链接为"♯封建帝王"。

步骤 4：设置"返回"超链接

（1）选中第 2 个表格第 1 个单元格中的"园林建筑"把它设置为锚记，锚记名称设为
"返回"。

（2）把鼠标定位在表格第 5 行内容的最后，回车，光标转到下一行，输入"Top"，设置
为右对齐，把它设置为指向锚记"返回"的超链接。

（3）同样的方法在表格的最后 3 行内容的末尾添加"Top"，设置右对齐，并设置为指
向锚记"返回"的超链接。

步骤 5：保存文件

🔍**说明**

　　该网页在页首位置定义了 4 个小标题作成书签超链接，起导航作用，单击不同的超链
接，跳转到相应的位置。在每一个内容区的结束处，也定义了书签超链接，以便快速地返
回小标题内容区，继续浏览其他标题内容。

　　锚记是网页中被标记的位置或选中的文字或图片，它可以作为超链接的目标，当网页
较长时，使用书签超链接可以快速定位网页的相关位置，这是网页中常用的技术。

任务 5　插入导航栏

　　任务说明：在 dingyi.htm 网页插入
导航栏，效果如图 7-64 所示。

　　步骤 1：切换到 dingyi.htm 网页的编
辑窗口。

　　步骤 2：在标题"园林的定义"下一行
位置处插入一个 1 行×1 列的表格，表格
宽度 460 像素，边框粗细为 0，且在页面中
居中对齐。

图 7-64　dingyi.htm 网页插入导航栏

　　步骤 3：光标定位在表格中，执行"插入 | 图像对象 | 导航条"命令，弹出"插入导航条"
对话框，具体设置如下（参见图 7-65）。

　　（1）在"项目名称"文本框中输入导航条的第 1 个项目 index。

　　（2）设置第 1 个项目在普通状态下的图像：单击"状态图像"文本框右侧的"浏览"按
钮，选择当前站点"images\导航按钮"文件夹中的 index.gif 文件。

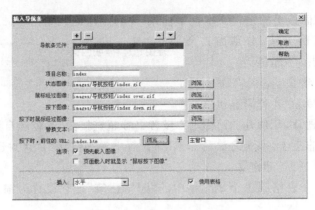

图 7-65　插入导航条对话框

（3）设置第 1 个项目在鼠标经过时的图像：单击"鼠标经过图像"文本框右侧的"浏览"按钮，选择当前站点"images\导航按钮"文件夹中的 index_over. gif 文件。

（4）设置第 1 个项目在鼠标按下时的图像：单击"按下图像"文本框右侧的"浏览"按钮，选择当前站点"images\导航按钮"文件夹中的 index_down. gif 文件。

（5）设置第 1 个项目的超链接：单击"按下时，前往的 URL"文本框右侧的"浏览"按钮，选择当前站点"yuanlin"文件夹中的 index. htm 文件。

（6）单击对话框最上面的"添加项"按钮 ➕ ，设置第 2 个项目：

项目名称：dingyi。

状态图像：images/导航按钮/dingyi. gif。

鼠标经过图像：images/导航按钮/dingyi_over. gif。

按下图像：images/导航按钮/dingyi_down. gif。

按下时，前往的 URL：dingyi. htm。

（7）单击"添加项"按钮 ➕ ，设置第 3 个项目：

项目名称：tedian。

状态图像：images/导航按钮/tedian. gif。

鼠标经过图像：images/导航按钮/tedian_over. gif。

按下图像：images/导航按钮/tedian_down. gif。

按下时，前往的 URL：tedian. htm。

（8）单击"添加项"按钮 ➕ ，设置第 4 个项目：

项目名称：yiheyuan。

状态图像：images/导航按钮/yiheyuan. gif。

鼠标经过图像：images/导航按钮/yiheyuan_over. gif。

按下图像：images/导航按钮/yiheyuan_down. gif。

按下时，前往的 URL：yiheyuan. htm。

（9）单击"添加项"按钮 ➕ ，设置第 5 个项目：

项目名称：zhuozhengyuan。

状态图像：images/导航按钮/zhuozhengyuan. gif。

鼠标经过图像:images/导航按钮/zhuozhengyuan_over. gif。

按下图像:images/导航按钮/zhuozhengyuan_down. gif。

按下时,前往的 URL:zhuozhengyuan. htm。

(10) 单击"确定"按钮,在页面中插入了导航栏。

步骤 4:保存网页。

步骤 5:在浏览器中预览网页,当鼠标放到导航图像时,变为另一张图像,如图 7-66 所示。

图 7-66　导航栏效果

说明

　制作导航栏时,要事先为每个导航项目按钮制作多张状态图像,本例中有 5 个按钮,每个按钮有 3 张状态图像,需要 15 张图像,这些图像会增加页面下载时间,实际制作时,一般一个按钮只添加一个状态效果图像就可以了,如只添加一张鼠标经过时的效果。

　可使用图像处理软件制作导航按钮,在下章中将介绍使用 PhotoImpact 制作导航按钮。

提高实验五　使用框架布局网页

实验目的：掌握框架网页布局功能。

实验要求：用框架结构实现前面制作的园林建筑艺术站点。

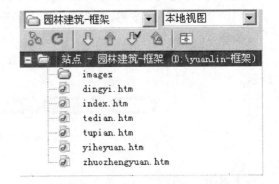

图 7-67　"文件"面板中显示"园林建筑-框架"站点的文件列表

任务 1　制作框架集初始网页

步骤 1：打开"园林建筑-框架"站点，该站点在"文件"面板上如图 7-67 所示。

步骤 2：在当前站点中新建两个网页文件：index_top. htm 和 index_content. htm。

步骤 3：打开"dreamweaver 样例"站点。

步骤 4：在"dreamweaver 样例"站点的"文件"面板上双击 index. htm，打开 index. htm 的编辑窗口。

步骤 5：选中该网页的第 1 个表格，执行"复制"操作。

步骤 6：单击"文件"面板"显示"框，从中选择"园林建筑-框架"网站，并在该网站的文件夹列表中双击 index_top. htm 文件，切换到 index_top. htm 的编辑窗口。

步骤 7：执行"粘贴"操作，并保存该网页，效果如图 7-68 所示。

图 7-68　index_top. htm 网页

步骤 8：切换到"dreamweaver 样例"站点的 index. htm 文件编辑窗口，选中第 1 个表格下面的所有内容，执行"复制"操作。

步骤 9：切换到"园林建筑-框架"站点的 index_content. htm 文件编辑窗口，执行粘贴操作，并保存该网页，效果如图 7-69 所示。

图 7-69　index_content. htm 网页

任务 2　创建框架集网页

步骤 1：在"园林建筑-框架"站点中执行"文件|新建"命令，弹出"新建文档"对话框。

步骤 2：选择"常规"选项卡"类别"栏中的"框架集"，在"框架集"中选择"上方固定"，如图 7-70 所示。

步骤 3：单击"创建"按钮，在编辑窗口创建如图 7-71 所示的框架集网页。

步骤 4：设置框架集的初始网页

（1）设置上框架的初始网页

① 把光标定位在上框架中，执行"文件|在框架中打开"命令，弹出"选择HTML 文件"对话框。

② 在该对话框中找到当前站点的本地根文件夹"D:\yuanlin-框架"中 images子文件夹中的 index_top 文件。

③ 单击"确定"按钮。

（2）设置下框架的初始网页。用同样的方法设置下框架的初始网页为本地根文件夹"D:\yuanlin-框架"中 images 子文件夹中的 index_content 文件。设置了初始网页后的效果如图 7-72 所示。

🔍**说明**

编辑框架网页的内容有两种方法：一种方法是事先制作好组成框架集的网页，然后把该网页设置为框架的初始网页，本实验就是使用这种方法；另一种方法是从无到有新建框架网页。

任务 3　保存框架网页

步骤 1：执行"文件|保存全部"命令，弹出"另存为"对话框，同时在框架网页周围出现虚线，提示目前需要保存的框架，如图 7-73 所示。

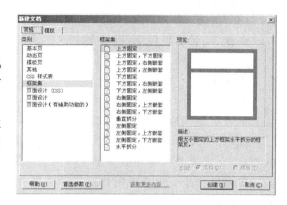

图 7-70　在"新建文档"对话框中新建框架集网页

图 7-71　框架集网页

图 7-72　框架集中设置了初始网页

图 7-73　框架集周围出现虚线，
提示目前需要保存框架集网页

步骤2：在"另存为"对话框"文件名"框中输入当前需要保存的文件名：index.htm，单击"保存"按钮。

步骤3：弹出警告框，提示该文件已经存在，是否覆盖，单击"是"按钮。

🔍**说明**

因为"index.htm"文件在创建站点结构时已经存在了(虽然是空网页)，现在新建的框架集网页要作为主页，取代原有的主页。

Dreamweaver MX 2004 首先保存框架集网页，框架集周围出现虚线。在保存了框架集之后，会依次要求保存框架集中的其他网页，这些网页也会用虚线包围。

因为在任务2中已经制作好了两个网页，在框架集中设置这两个网页为框架的初始网页，所以在保存框架的时候系统并不要求保存这两个网页。

任务4　设置框架和框架集属性

步骤1：执行"窗口|框架"命令，打开"框架"面板，图7-74所示。

🔍**说明**

框架面板中显示框架的结构，每个框架用框架名标识。在框架面板上单击某个框架，就可选中该框架，在编辑窗口中该框架周围出现虚线。

步骤2：设置框架集属性

(1) 在框架面板上单击框架的边框，选中框架集。

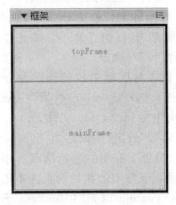

图 7-74　框架面板

(2) 在框架集属性面板上进行设置，如图7-75所示。在面板最右边的框架示意图中，单击上框架，然后在"行"文本框中输入该框架的高度为"147 像素"。

图 7-75　框架集"属性"面板

🔍**说明**

在框架集面板中可以设置各个框架的大小、框架集是否有边框、边框宽度及颜色。

步骤3：设置上框架属性

(1) 在框架面板上单击上框架，选中上框架。

(2) 在框架属性面板上进行设置：框架名称"top"，滚动"否"，"不能调整大小"，参见图7-76。

图 7-76　框架"属性"面板上设置上框架属性

说明

在框架面板中可以设置框架源文件、框架名称、有无滚动条、可不可以在浏览器中调整大小、是否显示边框、边框的颜色等。

步骤 4：设置上框架属性

(1) 在框架面板上单击下框架，选中下框架。

(2) 在框架属性面板上进行设置：框架名称"main"，**滚动"自动"**，"不能调整大小"，参见图 7-77。

图 7-77　框架"属性"面板上设置下框架属性

任务 5　创建框架之间的超链接

步骤 1：切换到"园林建筑-框架"站点的 index_top. htm 文件编辑窗口。

步骤 2：选中"主页"超链接，在属性面板上设置链接"index_ content. htm"，目标"main"，如图 7-78 所示。

图 7-78　设置超链接的目的网页和目标框架

步骤 3：保存文件。

任务 6　设置网站的背景音乐

步骤 1：切换到代码视图，在＜head＞……＜/head＞之间输入设置背景音乐的语句：

＜bgsound src＝"images/back. mid" loop＝"－1"＞

步骤 2：保存文件。

说明

因为上框架始终保留，在上框架中插入的背景音乐就会在浏览网站过程中始终播放。

任务 7　设置网页的标题

步骤 1：切换到"园林建筑-框架"站点的 index 文件编辑窗口。

步骤 2：为该网页设置标题："园林建筑艺术"。

步骤 3：保存文件。

提高实验六　行为应用

实验目的：掌握 Dreamweaver 中行为的设置方法。

任务 1　加载网页后，打开一个新的浏览窗口

该任务完成后的效果如图 7-79 所示。

图 7-79　加载网页后，打开一个新的浏览器窗口

步骤 1：打开"dreamweaver 样例"站点。

步骤 2：在"园林建筑艺术"站点的根文件夹下新建一个网页文件 pop_window. htm。

步骤 3：编辑 pop_window. htm 网页。

(1) 切换到 pop_window. htm 网页的编辑窗口；

(2) 在该网页中插入图像：\images\yiheyuan1. jpg；

(3) 设置该网页的标题为颐和园；

(4) 保存文件。

步骤 4：切换到当前站点的 index. htm 文件编辑窗口，执行"窗口 | 行为"命令，打开"行为"面板。

步骤 5：为"index. htm"网页添加行为

(1) 单击编辑窗口下面的标签 `<body>`，选中整个页面。

(2) 单击"行为"面板上的"添加行为"按钮 **+▾**，弹出"动作"菜单，从中选择"打开浏览器窗口"命令，如图 7-80 所示。

步骤 6：设置打开的浏览器窗口属性

图 7-80　"行为"面板上添加动作

在弹出的"打开浏览器窗口"对话框中进行以下设置（效果如图7-81所示）：

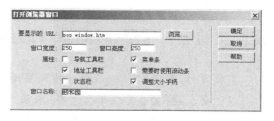

（1）要显示的 URL：pop_window.htm。

（2）窗口宽度为"250"，窗口高度为"250"。

（3）在属性栏中选中："地址工具栏"、"菜单条"、"调整大小手柄"。

图 7-81　"打开浏览器窗口"对话框

步骤7：单击"确定"按钮，"行为"面板中产生了一个事件"onLoad"和一个动作"打开浏览器窗口"，面板的标题栏上有＜body＞标签，表示当页面加载完成后执行打开浏览器窗口的动作，如图7-82所示。

步骤8：保存网页。

图 7-82　添加行为后的"行为"面板

🔍**说明**

本任务为"index.htm"网页添加了一种行为：加载网页的同时打开一个新的浏览器窗口，目前这种技术应用广泛，很多商业网站的主页用弹出的小窗口用来发布广告信息或通知。

任务2　定制网页浏览器状态栏中的显示文字

效果如图7-83所示。

步骤1：切换到"园林建筑艺术"站点的 index.htm 文件编辑窗口。

步骤2：单击编辑窗口下面的标签＜body＞，选中整个页面。

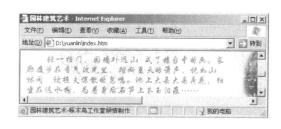

步骤3：单击"行为"面板上的"添加行为"按钮 ，从弹出的"动作"菜单选择"设置文本|设置状态栏文本"命令，弹出"设置状态栏文本"对话框。

图 7-83　浏览器状态栏文字

步骤4：在对话框中输入："园林建筑艺术——啄木鸟工作室倾情制作"，然后单击"确定"按钮。

步骤5："行为"面板中又产生了一个事件"onLoad"和一个动作"设置状态栏文本"。

步骤6：保存文件。

🔍**说明**

行为是 Dreamweaver 的灵魂，Dreamweaver 中自带很多行为动作（由已编好的 JavaScript 代码实现），在 Dreamweaver 中使用行为不必掌握 JavaScript 代码就可以制作出复杂的网页效果。

提高实验七　图层、时间轴、行为综合应用

　　实验目的：掌握 Dreamweaver 中网页动画和特效的制作方法。

　　实验要求：按要求完成下拉菜单、滚动看板和沿轨迹移动的图像效果，最终效果如图7-84 所示，在"古代科技_最终效果"站点中可观看动态效果。

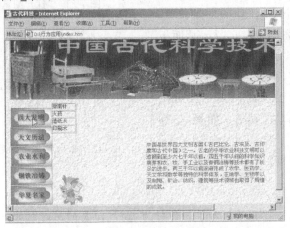

图 7-84　实验七最终效果

任务 1　制作下拉菜单

　　任务说明：为本页的 5 个菜单项分别制作对应的下拉菜单，当鼠标指向菜单项时，显示对应的下拉菜单，当鼠标移出菜单项时，显示的下拉菜单被重新隐藏。

　　步骤 1：打开"古代科技"站点。

　　步骤 2：双击站点文件面板中文件列表中的 index_caidan.htm 文件，切换到 index_caidan.htm 文件编辑窗口。

　　步骤 3：制作"四大发明"菜单项的下拉菜单

　　(1) 单击"布局"插入栏中的"描绘层"按钮，在"四大发明"菜单项的右侧绘制一个图层。

　　(2) 把光标定位在图层中，插入一个表格，表格设置为：行数"4"，列数"1"，表格宽度"60 像素"，边框粗细"1"。

　　(3) 打开"菜单文字.doc"文档，把"四大发明"菜单项下的指南针、火药、造纸术、印刷术逐一复制到表格的单元格中。

　　(4) 设置下拉菜单文字的大小为"12 像素"。

　　(5) 选中图层，图层周围出现 8 个实心方框，拖动方框，调整层的大小和表格相同(图 7-85)。

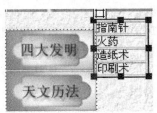

图 7-85　"四大发明"菜单项
的下拉菜单层

（6）设置下拉菜单层的初始状态为隐藏。执行"窗口|层"命令，打开"层"面板，该面板上显示出当前页面的所有层，目前只有 Layer1 一个层，单击层名称左边的层显示/隐藏图标，当图标变为 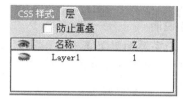 时，选中的层隐藏（图 7-86）。

图 7-86 层面板

（7）设置菜单行为。

① 执行"窗口|行为"命令，调出"行为"面板。

② 选中"四大发明"菜单，单击"行为"面板上的"添加行为"按钮 ➕，弹出"动作"菜单，从中选择"显示-隐藏层"命令，弹出"显示-隐藏层"对话框，单击"显示"按钮，如图 7-87 所示，再单击"确定"按钮。

图 7-87 显示-隐藏层对话框

③ "行为"面板中产生了一个默认事件和一个动作"显示-隐藏层"，单击事件框，出现下拉箭头，单击下拉箭头，打开事件列表，从中选择 onMouseOver 事件，如图 7-88 所示。

图 7-88 在行为面板上选择事件

④ 再次选中"四大发明"菜单，单击"行为"面板上的"添加行为"按钮 ➕，弹出"动作"菜单，从中选择"显示-隐藏层"命令，弹出"显示-隐藏层"对话框，单击"隐藏"按钮，再单击"确定"按钮。

⑤ "行为"面板中又产生了一个默认事件和一个动作"显示-隐藏层"，单击新添动作的事件框，在事件列表中选择 onMouseOut 事件。

在"四大发明"菜单添加了两个"显示-隐藏层"行为后，行为面板的显示结果如图 7-89 所示。

图 7-89 行为面板上显示当前的菜单设置了 2 个行为

⑥ 在"层"面板上选中层 Layer1，用同样的方法为 Layer1 设置 2 个显示-隐藏层行为：

· Layer1 显示，事件为 onMouseOver。

· Layer1 隐藏，事件为 onMouseOut。

说明

下拉菜单的效果是当鼠标放到菜单项"四大发明"时,显示其下拉菜单,当鼠标移出菜单项时,其下拉菜单隐藏。当鼠标放在下拉菜单上时,下拉菜单也显示,当鼠标移出下拉菜单时,下拉菜单隐藏。

步骤 4:用步骤 3 同样的方法为其余 4 个菜单项设置对应的下拉菜单。

任务 2　滚动看板

步骤 1:打开"古代科技"站点的 index _kanban. htm 网页,在其中画一个图层。

步骤 2:绘制嵌套层:光标定位在该图层中,按住 Alt 键的同时单击"描绘层"按钮，在当前图层中画一个图层。层面板中显示出所绘制的 Layer7 层从属于步骤 1 中画的 Layer6 层,即 Layer7 是 Layer6 的子层(图 7-90)。

图 7-90　层面板

步骤 3:选中 Layer6(父层),在"属性"面板上进行如下设置(图 7-91)。

(1) 层的位置:左为"330px",上为"250px"。

(2) 层大小:宽为"280px", 高为"150px"。

(3) 层的剪辑区(可见区域):左为"0",上为"0",右为"280",下为"150"。

(4) 溢出:"hidden"。

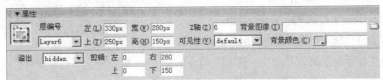

图 7-91　层"属性"面板

步骤 4:把 Layer7 层拖到 Layer6 层的下面,并把 Layer7 层的宽度设置为和其父层相同,子层的高度为 100px。

步骤 5:设置滚动看板中的文字

(1) 打开"滚动看板文字.doc"文档,全选并执行复制操作。

(2) 切换回"古代科技"站点的 index_kanban. htm 网页编辑窗口,光标定位在子层(Layer7)中,执行粘贴操作。

(3) 设置看板的文字格式:大小为"12 px",颜色为"♯0000FF"。

步骤 6:制作动画

(1) 执行"窗口|时间轴"命令,打开"时间轴"面板。

(2) 拖动 Layer7 的控制柄到"时间轴"面板的第一个动画轨道上,松开鼠标即可生成一条时间轴动画条。

（3）设置动画的起始位置和结束位置。

① 单击动画条的第 1 帧,用鼠标拖动 layer7 到 layer6 的底部,即动画的起始位置在 layer6 的底部。

② 单击动画条的最后一帧,用鼠标拖动 layer7 到 layer6 的顶部,即动画的结束位置在 layer2 的顶部。

（4）设置动画播放速率和长度（图 7-92）。

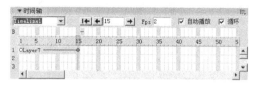
图 7-92　时间轴面板

① 在 Fps 处输入"2"。

② 选中自动播放和循环复选框（在浏览器中浏览时,滚动看板的效果是文字从看板的底部往看板的顶部不停的循环滚动）。

步骤 7：保存文件。

任务 3　网页中沿轨迹移动的图片

步骤 1：在"古代科技"站点的 index_yidong. htm 网页编辑窗口中,在页面的上部菜单的右侧画一个图层（在层面板上该层名为 Layer8）。

步骤 2：在层中插入图像\images\dragon. gif。

步骤 3：调整层的大小和图像相同。

步骤 4：执行"修改|时间轴|添加时间轴"命令,在时间轴面板上添加一条时间轴 Timeline2。

步骤 5：选中 Layer8 层,执行"修改|时间轴|录制层路径"命令。

步骤 6：拖动 Layer8 的控制柄,沿着预想的路径移动"图层",Dreamweaver 就记录下了"图层"走过的路径,如图 7-93 所示。

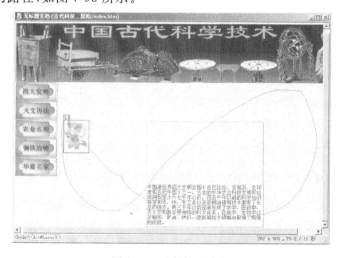
图 7-93　录制的层路径

步骤 7：在动画的结束位置处松开鼠标,在"时间轴"面板中生成了含有多个关键帧的动画条,选中自动播放和循环复选框,如图 7-94 所示。

步骤 8：保存文件。

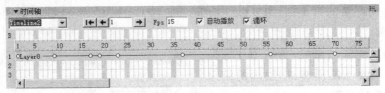

图 7-94　录制层路径自动生成的时间轴动画条

说明

本任务中新添加了一条时间轴制作沿轨迹移动的层,设置帧速率为 15 帧/秒,任务 2 中的时间轴动画设置的帧速率为 2 帧/秒,这样同页中两个动画在两个不同的时间轴上,互不影响。

提高实验八 层叠式样式表(CSS)应用

实验目的：学会几种 CSS 样式的使用方法。

实验要求：按要求制作嵌入式样式表、局部应用样式表和外部样式表，分别实现去掉超链接下划线、定义字体样式和网页背景图像固定的效果。最后使用 CSS 滤镜特效制作半透明图像。

任务 1 去除网页中超级链接的下划线

任务说明：默认情况下，网页中的超链接都带有下划线，本任务使用 CSS 去除超链接的下划线。

步骤 1：打开"CSS 应用"站点。

步骤 2：打开站点"文件"面板中的 dingyi.htm 文件(图 7-95)。

图 7-95 dingyi.htm 网页

步骤 3：取消超链接文本下划线

(1) 执行"窗口|CSS 样式"命令，弹出 CSS 样式表面板(图 7-96)。

(2) 单击面板右下方"新建 CSS 样式"按钮，弹出"新建 CSS 样式"对话框。

(3) 在该对话框中进行设置，具体参数设置如下(图 7-97)。

① "选择器类型"选择"标签"。

② 单击"标签"文本框右侧的向下箭头，从下拉列表中选择"a"，表示要重新定义 HTML 标记的＜a＞标识，即超链接标识。

③ 在"定义在"中选择"仅对该文档"。

④ 单击"确定"按钮。

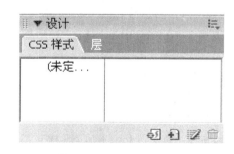

图 7-96 CSS 样式面板

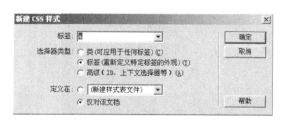

图 7-97 "新建 CSS 样式"对话框

(4) 弹出"a 的 CSS 样式定义"对话框,在对话框左侧"分类"中选择"类型",对话框右侧就变成"类型"选项,选中"修饰"选项区中的"无"复选框,如图 7-98 所示。

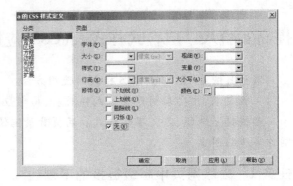

图 7-98　定义样式

(5) 单击"确定"按钮,当前网页中所有超链接的下划线都去掉了,如图 7-99 所示。

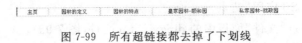

图 7-99　所有超链接都去掉了下划线

步骤 4:保存文件。

📎**说明**

本任务制作了一个嵌入式样式表,嵌入式样式表是对定义该样式表的整个网页起作用的,故本网页中所有超链接的下划线都会被去掉。

任务 2　创建自定义文字样式

步骤 1:在"CSS 应用"站点的 dingyi.htm 文件编辑窗口中,选择"CSS 样式"面板上的"新建 CSS 样式"按钮➕,弹出"新建 CSS 样式"对话框。

步骤 2:在"新建 CSS 样式"对话框中设置:

(1) 选择器类型:"类"。

(2) 名称:.font。

(3) 定义在:"仅对该文档"。

(4) 单击"确定"按钮。

步骤 3:弹出".font 的 CSS 样式定义"对话框,在该对话框中设置(图 7-100)。

(1) 字体:"宋体"。

(2) 大小:"9 点数"。

(3) 行高:"150",单位为百分比"%"。

(4) 单击"确定"按钮。

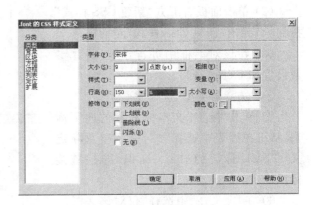

图 7-100　设置.font 样式

步骤 4：在 CSS 样式面板中出现新建的样式".font"，如图 7-101 所示。

步骤 5：在 dingyi.htm 网页中选中要设置格式的文字，鼠标右键单击 CSS 样式面板中新建的样式".font"，从弹出的快捷菜单中选择"套用"命令，选中的文字就设置为".font"定义的格式。

步骤 6：保存文件。

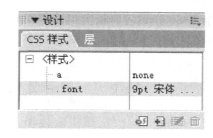

图 7-101　CSS 样式面板中出现新建的样式.font

 说明

.font 样式是目前中文网页普遍使用的中文字符格式，任务中创建的是一个局部应用样式表，仅可在当前网页中使用。如果把该样式定义成外部样式表文件，那么其他的网页都可以使用这种样式了。

任务 3　制作外部样式表文件

步骤 1：在"CSS 应用"站点的 dingyi.htm 文件编辑窗口中，选择"CSS 样式"面板上的"新建 CSS 样式"按钮，弹出"新建 CSS 样式"对话框。

步骤 2：在"新建 CSS 样式"对话框中设置：

（1）选择器类型："类"。

（2）名称：.bg。

（3）定义在："新建样式表文件"。

（4）单击"确定"按钮，弹出"保存样式表文件为"对话框。

步骤 3：在该对话框中设置

（1）保存位置："D:\CSS_原始"。

（2）文件名："bg"。

（3）保存类型："样式表文件"。

（4）单击"保存"按钮，弹出".bg 的 CSS 样式定义"对话框。

步骤 4：在".bg 的 CSS 样式定义"对话框左侧"分类"中选择"背景"，对话框右侧就变成"背景"选项：

（1）设置"背景图像"为当前站点的"images/bg2.jpg"。

（2）"重复"框选择"重复"。

（3）"附件"框选择"固定"，如图 7-102 所示。

（4）单击"确定"按钮。

图 7-102　设置 bg.css 的.bg 样式

步骤5：样式表面板上出现了新创建的外部样式表 bg. css 和该样式表中的样式. bg，如图 7-103 所示。

步骤 6：鼠标单击当前页面的"＜body＞"标签，然后右键单击样式表面板上的". bg"样式，从弹出的快捷菜单中选择"套用"命令。

步骤 7：显示当前页面的背景图像。

步骤 8：保存文件。

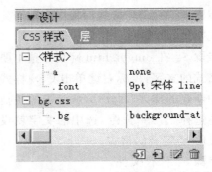

图 7-103　新样式表 bg. css 和该样式表中的样式. bg

步骤 9：在浏览器中观看效果，当滚动浏览网页内容时，背景图像固定。

步骤 10：在其他网页中使用"bg. css"样式

（1）在当前站点中切换到 yiheyaun. htm 网页的编辑窗口。

（2）在"CSS 样式"面板中单击"附加样式表"按钮，弹出"链接外部样式表"对话框，在该对话框中设置文件为当前站点的"bg. css"，添加方式为"导入"，如图 7-104 所示。

图 7-104　链接外部样式表对话框

（3）单击"确定"按钮，样式表"bg. css"导入到当前网页的 CSS 样式面板上。

（4）鼠标单击当前页面的＜body＞标签，然后右键单击样式表面板上的". bg"样式，从弹出的快捷菜单中选择"套用"命令，当前页面显示背景图像。

（5）保存文件。

说明

外部样式表对于站点多个页面样式定义非常方便，只需修改一个外部样式表文件，就可以改变所有页面的外观。

提高实验九　在网页中插入 Flash 对象

实验目的：掌握在 Dreamweaver MX 2004 中插入 Flash 对象的方法。

实验要求：在网页中制作 3 种 Flash 对象，效果如图 7-109 所示。

任务 1　插入 Flash 文本

步骤 1：打开"flash-object"站点。

步骤 2：打开站点"文件"面板中的 index. htm 文件。

步骤 3：光标定位在页面第一个表格中，执行"插入|媒体|flash 文本"命令，弹出"插入 Flash 文本"对话框。

步骤 4：在"插入 Flash 文本"对话框中设置 Flash 文本的格式（图 7-105）：

（1）文本为"四季星空"。

（2）字体为"华文行楷"，大小为"60"，颜色为"红色"，转滚颜色为"黄色"。

步骤 5：保存文件。

图 7-105　"插入 Flash 文本"对话框

说明

Flash 文字是动态文字，可以使用在页面标题、按钮上。

任务 2　插入 Flash 按钮

步骤 1：在任务 1 基础上继续，光标定位在 index. htm 页面的第 2 个表格的第 1 个单元格中，执行"插入|媒体|flash 按钮"命令，弹出"插入 Flash 按钮"对话框。

步骤 2：在"插入 Flash 按钮"对话框中设置（图 7-106）：

（1）Flash 按钮样式为"Soft-Light Blue"。

（2）按钮文本为"春季天空"。

（3）字体为"黑体"，大小为"14"。

（4）链接到"chun. htm"。

（5）另存为"chun. swf"。

步骤 3：单击"确定"按钮，Flash 按钮

图 7-106　"插入 Flash 按钮"对话框

插入到光标所在处。

步骤 4：制作其余 3 个 Flash 按钮 Flash 按钮

在表格的单元格中依次插入 3 个 Flash 按钮。

Flash 按钮样式为"Soft-Light Blue"，字体为"黑体"，大小为"14"，其他各项分别如下：

(1) 按钮文本为"夏季夏空"，链接到"xia.htm"，另存为"chun.swf"。

(2) 按钮文本为"秋季夏空"，链接到"qiu.htm"，另存为"qiu.swf"。

(3) 按钮文本为"冬季夏空"，链接到"dong.htm"，另存为"dong.swf"。

制作的 Flash 按钮如图 7-107 所示。

图 7-107　任务 2 制作的 Flash 按钮

步骤 5：保存文件。

任务 3　插入 Flash 动画

步骤 1：在任务 2 基础上继续，光标定位在 index.htm 页面的第 2 个表格的下面，执行"插入|媒体|flash"命令，弹出"选择文件"对话框。

步骤 2：在"选择文件"对话框中浏览找到当前站点"images\movie2.swf"文件，单击"确定"按钮。

步骤 3：当前网页中插入了 Flash 对象，在编辑状态下并不显示动画，而是显示如图 7-108 所示的图标。

图 7-108　页面中插入 Flash 动画

步骤 4：保存网页

步骤 5：用浏览器预览，就可得到图 7-109 的效果。

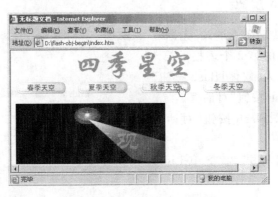

图 7-109　插入了 Flash 对象的网页

第8章

网页中图像的制作

入门实验一　网页图像对象的制作

实验目的：学习网页中按钮、分割图像的制作。

实验要求：按要求制作翻转按钮、普通按钮和分割符图像。

任务1　制作翻转按钮

步骤1：启动 PhotoImpact 7.0，其工作窗口如图 8-1 所示。

图 8-1　PhotoImpact 7.0 工作窗口

步骤2：利用"部件设计器"制作素材

（1）执行"Web|部件设计器"命令，弹出"部件设计器"对话框（图 8-2）。

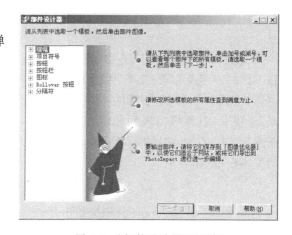

图 8-2　"部件设计器"对话框

说明

PhotoImpact 图像处理软件内置的"部件设计器"，可制作横幅、按钮、Rollover 按钮、分隔符等 7 种类型的网页元素。使得没有绘画功底的用户也能快速制作出所需的网页素材。

(2) 单击"Rollover 按钮"类前面的加号 ⊞，展开所有的可用翻转按钮形状，选择类型"圆角_1"，右窗格显示出选中的按钮形状的所有可用模板(图 8-3)。

(3) 选择最后一行第一个模板，单击"下一步"按钮，进行具体的按钮属性设置。

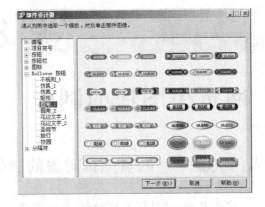

图 8-3　"圆角_1"按钮形状所有可用模板

步骤 3：制作翻转按钮

(1) 设置正常状态的按钮。单击左窗格的"正常"项(图 8-4)，展开按钮"正常"状态的属性设置："标题"、"面板"和"边框"。

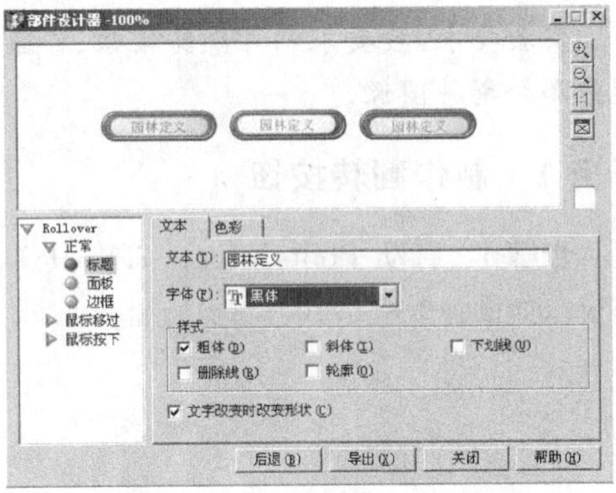

图 8-4　设置标题文本

① 单击"标题"项，在右窗格中设置按钮标题的内容及外观：文本为"园林定义"，字体为"黑体"，样式为"粗体"。单击"色彩"选项卡，右窗格出现颜色框，从中选择暗紫色，其 RGB 值"102,0,51"显示在左面的文本框中(图 8-5)。

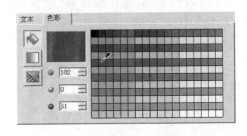

图 8-5　设置按钮文本颜色

② 单击"面板"项，右窗格显示可修改的面板颜色或图案，单击"纹理"按钮 ▨，选择"魔术纹理"中的 MT048 项(图 8-6)。

图 8-6　设置按钮面板图案

③ 单击"边框"项,右窗格显示可修改的边框颜色或图案,单击"渐变色"按钮 ▆,选择填充类型为从上到下⬇,"双色"(单击第 1 个颜色框,弹出"友立色彩选取器",从中选择白色,单击第 2 个颜色框,在"友立色彩选取器"中设置第 2 颜色的 RGB 值为"105,0,42"),如图 8-7 所示。

图 8-7　设置按钮边框为渐变色

(2) 设置鼠标移过时的按钮形状。单击左窗格的"鼠标移过"项,展开按钮"鼠标移过"的属性设置。把标题文本的字体设置为黑体,其他项不修改,使用默认设置。

(3) 设置鼠标按下时的按钮形状。单击左窗格的"鼠标按下"项,展开按钮"鼠标按下"的属性设置。把标题文本的字体设置为"黑体",其他使用默认设置。

设置好的第 1 个 Rollover(翻转)按钮的 3 种状态图像如图 8-8 所示。

图 8-8　Rollover 按钮的 3 种状态图像

步骤 4:导出按钮图像

(1) 在"部件设计器"对话框中单击"导出"按钮,从弹出的快捷菜单中选择"到图像优化器"命令,弹出"友立图像优化器"对话框。

(2) 在该对话框中选择保存图像的格式,单击 GIF 按钮,如图 8-9 所示。

(3) 单击"另存为"按钮,弹出"保存 GIF 文件"对话框,在该对话框中设置按钮图像的保存位置为"rollover-button"、文件名为"dingyi",单击"保存"按钮。

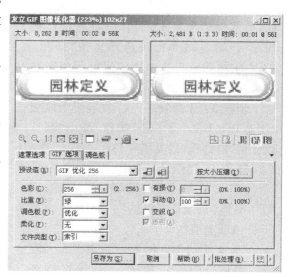

图 8-9　友立图像优化器

🔍 **说明**

PhotoImpact 将自动生成其余两个文件 dingyi_over. gif 和 dingyi_down. gif,如图 8-10 所示。

图 8-10　制作的第一个 rollover 按钮

步骤 5:同样的方法制作其余几个 rollover(翻转)按钮。

(1)"园林特点"按钮,文件名"tedian",文件类型"gif"。

(2)"颐和园"按钮,文件名"yiheyuan",文件类型"gif"。

(3)"拙政园"按钮,文件名"zhuozhengyuan",文件类型"gif"。

(4)"主页"按钮,文件名"index",文件类型"gif"。

步骤 6：单击"关闭"按钮，关闭"部件设计器"。

🔍**说明**

创建好的 Rollover 按钮可以在 Dreamweaver 中以导航栏的形式插入到网页中，具体制作方法见任务1。图 8-11 为在浏览器中的效果。

图 8-11　制作的 Rollover 按钮在浏览器中的效果

任务 2　制作普通按钮

步骤 1：执行"Web|部件设计器"命令，打开"部件设计器"对话框。

步骤 2：单击"部件设计器"左窗格"按钮"类前面的加号➕，展开所有的可用按钮形状（参见图 8-13），选择类型"矩形_1"，右窗格显示出选中的按钮形状的所有可用模板（图 8-12）。

步骤 3：选择最后一行的第 3 个模板（图 8-12），单击"下一步"按钮，弹出"部件设计器"对话框（参见图 8-13）。

步骤 4：制作素材按钮（图 8-14）

"四大发明"按钮：标题文本"四大发明"，字体"幼圆"，"粗体"。导出文件名"menu1"，类型"gif"。

"天文历法"按钮：标题文本"四大发明"，字体"幼圆"，"粗体"。导出文件名"menu2"，类型"gif"。

"农业水利"按钮：标题文本"四大发明"，字体"幼圆"，"粗体"。导出文件名"menu3"，类型"gif"。

"铜铁冶铸"按钮：标题文本"四大发明"，字体"幼圆"，"粗体"。导出文件名"menu4"，类型"gif"。

"华夏名家"按钮：标题文本"四大发明"，字体"幼圆"，"粗体"。导出文件名"menu5"，类型"gif"。

步骤 5：单击"关闭"按钮，关闭"部件设计器"。

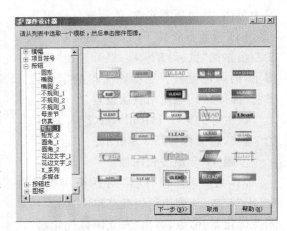

图 8-12　"矩形_1"按钮形状所有可用模板

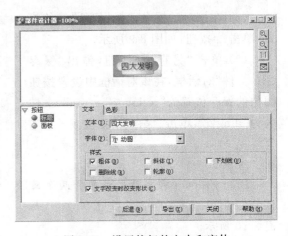

图 8-13　设置按钮的文本和字体

图 8-14　制作的按钮在浏览器中的效果

说明

本任务制作了 5 个按钮文件，可在 Dreamweaver 中以图像的方式插入到网页中，然后为每个按钮图像设置超链接，图 8-14 为在浏览器中的效果

也可制作垂直按钮栏。

任务 3　制作分隔符

步骤 1：执行"Web｜部件设计器"命令，打开"部件设计器"对话框。

步骤 2：单击"部件设计器"左窗格"分隔符"类前面的加号+，展开所有的可用分隔符形形状，选择类型"线条_2"，右窗格显示出选中的分隔符形状的所有可用模板（图 8-15）。

步骤 3：单击"下一步"按钮，弹出"部件设计器"对话框，在此对话框中可设置该分隔符的所有部件，这里保留默认设置，不作修改。

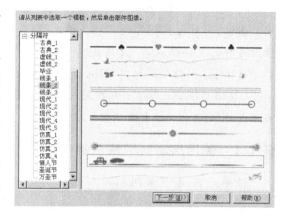

图 8-15　"线条_2"分隔符所有可用模板

步骤 4：单击"导出"按钮，从弹出的快捷菜单中选择"到图像优化器"命令，弹出"友立图像优化器"对话框。

步骤 5：在该对话框中选择 gif 格式，并选中透明复选框，保存在 fengefu 文件夹下，命名为"bar1"。

步骤 6：单击"关闭"按钮，关闭"部件设计器"。

说明

本任务制作的分隔符图像文件，可在 Dreamweaver 中以图像的方式插入到网页中，用来分隔网页中的内容，图 8-16 为在浏览器中的效果。

图 8-16　制作的分隔符在浏览器中的效果

入门实验二　制作动态 gif 图片

　　实验目的：学习动态 gif 图像的制作方法。

　　实验要求：按实验要求制作横幅文字和轮流出现的图像。

　　任务说明：要制作动画 gif 图片，首先要用绘图软件来制作构成动画的连续数张图像，并储存成不同的 gif 文件，然后再使用动画制作软件，如 Ulead GIF Animator 来整合这些图像，针对每张图像设定相关的属性(如显示的停滞时间)，以完成一幅动画的制作，最后保存的文件格式是 gif 格式。

　　动画 gif 制作软件很多，Ulead GIF Animator 是一款功能强大，操作简单的软件。

　　Ulead GIF Animator 可在文化课网站(http://ccf. tsinghua. edu. cn)的"文化超市|网页制作|样例素材"中下载安装。

任务 1　使用启动向导快速制作动画

　　任务说明：本任务用到的 6 幅清华风光图片在"清华风光"文件夹中，本任务的最终样例"清华风光.gif"也放在该文件夹中。

　　步骤 1：启动 Ulead GIF animator 5.0，首先出现"启动向导"对话框(图 8-17)。

　　步骤 2：单击"动画向导"按钮，弹出"动画向导-设置画布大小"对话框，在此对话框中：

　　(1)单击"下一步"按钮，弹出"动画向导-选取文件"对话框，在该对话框中单击"添加图像"按钮，弹出"打开"对话框，在"打开"对话框中找到"清华风光"文件夹下的 student1. jpg……student6. jpg，按住 shift 键，全部选中(图 8-18)。

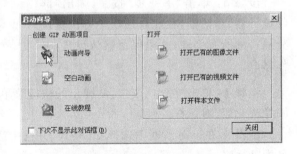

图 8-17　启动向导

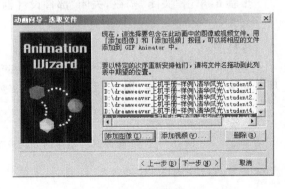

图 8-18　"动画向导-选取文件"对话框

　　(2)单击"下一步"按钮，弹出"动画向导-帧区间"对话框，在此对话框中可以设置帧的延迟时间，这里不作修改，使用默认值。

（3）单击"下一步"按钮,弹出"动画向导-完成"对话框,单击"完成"按钮,制作的动画显示在 Ulead GIF Animator 的编辑区中,如图 8-19 所示。

步骤 3：执行"编辑|修剪画布"命令,把画布的尺寸设置为和图像尺寸相同。

步骤 4：测试效果

（1）单击"预览"按钮,可观看动画效果。

（2）如果显示速度较快,可单击"编辑"标签,回到编辑状态,在下面的帧面板上选中所有帧,执行"帧|帧属性"命令,弹出"帧属性"对话框。

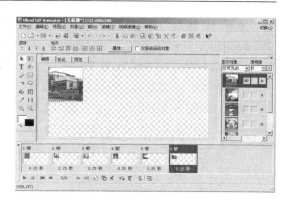

图 8-19　Ulead GIF Animator 工作界面

（3）在"帧属性"对话框中设置延时"50",如图 8-20 所示,单击"确定"按钮。

步骤 5：保存文件

（1）动画文件的保存位置："清华风光"。

（2）文件名："清华风光"。

（3）类型："gif"。

图 8-20　"帧属性"对话框

🔍**说明**

在制作 gif 动画前要事先准备好素材,素材可以从网上下载,也可以自己用 Photoshop、Fireworks、Freehand、Ulead PhotoImpact 等软件制作,然后通过 GIF Animator 中的动画向导功能就可以快速制作出动画。

任务 2　制作横幅文字

步骤 1：启动 Ulead gifanimator,并关闭"启动向导"对话框。

步骤 2：执行"文件|新建"命令,弹出"新建"对话框,在此对话框中设置画布大小和形式,如图 8-21 所示。

（1）设置宽度为"350"。

（2）设置高度为"80"。

（3）设置画布形式为"全透明"。

（4）单击"确定"按钮,在工作区生成指定大小的文档。

图 8-21　新建对话框

步骤 3：执行"帧|添加横幅文字"命令，弹出"添加横幅文字"对话框，在此对话框中设置横幅的文字和动画效果。

(1) 在"文字"选项卡中设置文字和文字的格式，如图 8-22 所示。文字为"园林建筑艺术"、字体为"华文行楷"、大小为"60"、颜色为"红色"。

图 8-22　"添加横幅文字"对话框文字选项卡

(2) 单击"效果"选项卡，设置横幅文字的动画效果，如图 8-23 所示。

① 选中"进入场景"，在其下方列表框中选中"下降"，并设置帧数为"5"。

② 选中"退出场景"，在其下方列表框中选中"缩小"，并设置帧数为"5"。

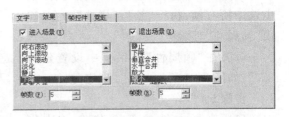

图 8-23　"添加横幅文字"对话框效果选项卡

(3) 单击"帧控件"选项卡，设置动画每帧的延时时间，如图 8-24 所示，设置延时为"20"，关键帧延时为"50"。

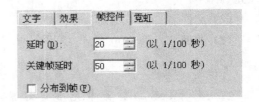

图 8-24　"添加横幅文字"对话框帧控件选项卡

(4) 单击"霓虹"选项卡，设置动画的霓虹效果，如图 8-25 所示，选中"霓虹"复选框，设置霓虹的方向为"外部"、宽度为"8"、色彩为"黄色"，"光晕"。

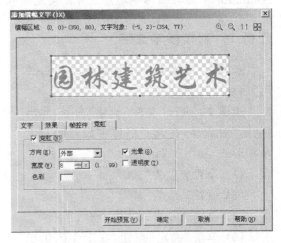

图 8-25　"添加横幅文字"对话框霓虹选项卡

（5）单击"开始预览"按钮，预览横幅文字的动画效果，单击"停止预览"按钮停止预览。

步骤 4：如果对动画的效果不满意，可以修改，直到满意为止，单击"确定"按钮，在弹出的快捷菜单中选择"创建为横幅文字"命令。

步骤 5：回到 Ulead GIF Animator 主界面，在底部帧窗格上生成了 10 帧的动画，如图 8-26 所示。由于第 1 帧是空的，在帧窗格上选中第 1 帧，按 Delete 键，删除该帧。

步骤 6：单击"预览"按钮，切换到"预览"视图，预览动画效果（图 8-27）。

步骤 7：单击"编辑"按钮，返回"编辑"视图，执行"文件|另存为|gif 文件"命令，弹出"另存为"对话框，在此对话框中设置文件的保存位置和文件名，单击"保存"按钮，就可以把生成的横幅文字存到磁盘上了。

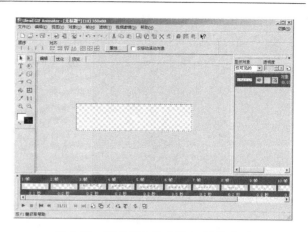

图 8-26　帧面板上生成了 10 帧的动画

图 8-27　"预览"视图下显示动画效果

说明

动态 gif 格式的图像只有插入到网页中（或插入到演示文稿中），在浏览网页（放映演示文稿）时才能看到动态效果。

读者意见反馈

亲爱的读者：

感谢您一直以来对清华版计算机教材的支持和爱护。为了今后为您提供更优秀的教材，请您抽出宝贵的时间来填写下面的意见反馈表，以便于我们更好地对本教材做进一步的改进。同时如果您在使用本教材的过程中遇到了什么问题，或者有什么好的建议，也请您来信告诉我们。

地址：北京市海淀区双清路学研大厦 A 座 517（100084）市场与发行部收

电话：62770175-3506

电子邮件：jsjjc@tup.tsinghua.edu.cn

教材名称：计算机文化基础（第 5 版）上机指导

ISBN：7-302-11544-3/TP · 7555

个人资料

姓名：_____ 年龄：_____ 所在院校/专业：_____

文化程度：_____ 通信地址：_____

联系电话：_____ 电子信箱：_____

您使用本书是作为： □指定教材 □选用教材 □辅导教材 □自学教材

您对本书封面设计的满意度：

□很满意 □满意 □一般 □不满意 改进建议_____

您对本书印刷质量的满意度：

□很满意 □满意 □一般 □不满意 改进建议_____

您对本书的总体满意度：

从语言质量角度看 □很满意 □满意 □一般 □不满意

从科技含量角度看 □很满意 □满意 □一般 □不满意

本书最令您满意的是：

□指导明确 □内容充实 □讲解详尽 □实例丰富

您认为本书在哪些地方应进行修改？（可附页）

_____

_____

您希望本书在哪些方面进行改进？（可附页）

_____

_____

_____

电子教案支持

敬爱的教师：

为了配合本课程的教学需要，本书配套教材《计算机文化基础（第 5 版）》配有电子教案，有需求的教师可以与我们联系，我们将向使用本教材进行教学的教师免费赠送电子教案，希望有助于教学活动的开展。相关信息请拨打电话 62795954 或发送电子邮件至 jsjjc@tup.tsinghua.edu.cn 咨询，也可以到清华大学出版社主页（http://www.tup.com.con）上查询。